Prädiktion der Maßhaltigkeit beim Räumen von Profilnuten

Prediction of the Dimensional Accuracy when Broaching Profiled Slots

Von der Fakultät für Maschinenwesen
der Rheinisch-Westfälischen Technischen Hochschule Aachen
zur Erlangung des akademischen Grades eines
Doktors der Ingenieurwissenschaften
genehmigte Dissertation

vorgelegt von

Tobias Markus Seelbach

Berichter/in:

Univ.-Prof. Dr.-Ing. Thomas Bergs
Univ.-Prof. Dr.-Ing. Dr.-Ing. E. h. Dr. h. c. Dr. h. c. Fritz Klocke

Tag der mündlichen Prüfung: 22. Dezember 2023

ERGEBNISSE AUS DER PRODUKTIONSTECHNIK

Tobias Seelbach

Prädiktion der Maßhaltigkeit beim Räumen von Profilnuten

Herausgeber:
Prof. Dr.-Ing. T. Bergs
Prof. Dr.-Ing. Dipl.-Wirt. Ing. G. Schuh
Prof. Dr.-Ing. C. Brecher
Prof. Dr.-Ing. R. H. Schmitt

Band 13/2024

Bibliografische Information der Deutschen Nationalbibliothek
Die Deutsche Nationalbibliothek verzeichnet diese Publikation in der Deutschen Nationalbibliografie; detaillierte bibliografische Daten sind im Internet über https://portal.dnb.de abrufbar.

Tobias Seelbach:

Prädiktion der Maßhaltigkeit beim Räumen von Profilnuten

1. Auflage, 2024

Gedruckt auf holz- und säurefreiem Papier, 100% chlorfrei gebleicht.

Wissenschaftsverlag des Instituts für Industriekommunikation und Fachmedien an der RWTH Aachen
Steinbachstr. 25, 52074 Aachen
Internet: www.apprimus-verlag.de, E-Mail: info@apprimus-verlag.de

Druck: CPI Druckdienstleistungen GmbH, Ferdinand-Jühlke-Straße 7 I 99095 Erfurt

ISBN 978-3-98555-213-9

D 82 (Diss. RWTH Aachen University, 2023)

Vorwort und Danksagung

Preamble and Acknowledgement

Die vorliegende Arbeit entstand während meiner Zeit als wissenschaftlicher Mitarbeiter am Lehrstuhl für Technologie der Fertigungsverfahren des Werkzeugmaschinenlabors WZL der Rheinisch-Westfälischen Technischen Hochschule Aachen.

Herrn Prof. Dr.-Ing. Thomas Bergs, Inhaber des Lehrstuhls für Technologie der Fertigungsverfahren, danke ich für die stetige Unterstützung meiner Tätigkeit und die fachliche und persönliche Förderung. Herrn Prof. Dr.-Ing. Dr.-Ing. E. h. Dr. h. c. Dr. h. c. Fritz Klocke, ehemaliger Inhaber des Lehrstuhls für Technologie der Fertigungsverfahren, danke ich herzlichst für die Übernahme des Koreferats, für die eingehende Durchsicht des Manuskripts sowie für die bereichernden Gespräche und Anmerkungen zu meiner Dissertation. Darüber hinaus gilt mein Dank Herrn Prof. Dr.-Ing. Dipl.-Wirt.-Ing. Johannes Henrich Schleifenbaum für die Übernahme des Prüfungsvorsitzes und Herrn Prof. Dr. rer. nat. Peter Loosen für den Beisitz in der Prüfungskommission.

Ein großer Dank geht an Dr.-Ing. Benjamin Döbbeler, Daniel Schraknepper sowie Markus Meurer, die mich als Oberingenieure stets gefördert und einen großen Beitrag an meiner persönlichen Entwicklung haben. Ein besonderer Dank gilt meinen aktiven und ehemaligen Kollegen und Kolleginnen, die fachlich, insbesondere aber auch menschlich für eine unvergessliche Zeit am WZL gesorgt haben. Vielen Dank an Stefan Baier, Kilian Brans, Dr.-Ing. Marvin Hardt, Sascha Kamps, Tobias Kelliger, Max Kirchhoff, Matthias Koch, Dr.-Ing. Thomas Lakner, Dr.-Ing. Sven Lung, Rainer Ohler, Adrian Rüppel, Roman Schmidt, Sebastian Schneider, Antonia Splettstößer und Christoph Zachert.

Weiterhin bedanke ich mich herzlich für die intensive Durchsicht des Manuskripts, die sehr gute fachliche Einarbeitung und die zahlreichen Diskussionen bei meinem ehemaligen Bürokollegen Dr.-Ing. Martin Seimann. Besonders hervorheben möchte ich den unermüdlichen Einsatz von Thobias Smigielski, ohne den die Erstellung dieser Dissertation nicht möglich gewesen wäre. Danke für die zahlreichen Überstunden, die abendlichen Diskussionen bei der Interpretation der Versuchsergebnisse und die perfekte Zusammenarbeit in zahlreichen gemeinsamen Projekten.

Meinen studentischen Mitarbeitenden sowie Bachelor- und Masterarbeitenden danke ich für ihr Engagement und ihren Anteil an der Erstellung dieser Arbeit. Dabei möchte ich mich besonders bei Kevin Wolters für seinen ausdauernden Einsatz in der Endphase der Dissertationserstellung bedanken.

Darüber hinaus danke ich allen aktiven und ehemaligen Kegelbrüdern des Kegelclubs Funke, Span, Gefüge, welche für ein monatliches Entkommen aus dem zuweilen anstrengenden Institutsalltag gesorgt haben. Hervorheben möchte ich hierbei insbesondere Ugur Küpper und Thomas Pullen. Ich habe die Zeit am WZL als großartig empfunden und denke gerne an die vielen schönen Momente zurück.

Daneben waren auch meine Freunde aus meiner Heimat Glehn sowie dem Studium in Aachen eine große Stütze in den letzten Jahren und haben stets für den nötigen Ausgleich gesorgt. Ein besonderer Dank geht dabei an meine beiden ältesten und engsten Freunde Christian Herfurtner und Sebastian Jasyk.

Ein tiefer Dank gilt meinen Eltern und meinen beiden Schwestern. Ich danke euch von Herzen dafür, dass ich mich zu jeder Zeit auf eure Unterstützung und euren Rückhalt verlassen konnte. Ohne euch und euren Glauben an mich wäre mein bisheriger Lebensweg nicht möglich gewesen. Zuletzt möchte ich dir, Sophie, für deine Rücksicht und uneingeschränkte Unterstützung bei der Vorbereitung auf meine Doktorprüfung und bei der Vollendung meiner Promotion danken. Ich freue mich auf Alles, was die Zukunft für uns bereithält.

Düsseldorf, Mai 2024 Tobias Seelbach

Zusammenfassung

Im Betrieb eines Flugzeugtriebwerks werden die an den Turbinenschaufeln wirkenden hohen Fliehkräfte über die Profilnuten in die Turbinenscheibe geleitet. Aus diesem Grund stellt diese Schnittstelle der beiden Bauteile eine für den Betrieb sicherheitskritische Komponente dar, welche in der industriellen Praxis mittels dem Fertigungsverfahren Räumen gefertigt wird. Die zu fertigende Geometrie muss dabei insbesondere hohe Anforderungen hinsichtlich Maßhaltigkeit und Qualität erfüllen. Designmaßnahmen zur Steigerung der Effizienz resultieren unter anderem in filigranen Strukturen, welche in der Fertigung elastische Deformationen unter Last begünstigen und in geometrischen Maß- und Formabweichungen resultieren können. Dies stellte hohe Anforderungen an den Fertigungsprozess des Räumens.

In einem neu entwickelten Prüfstand wurde das Werkstückverhalten während des Räumprozesses gemessen und quantifiziert. Wirbelstrommessungen zeigten, dass dieses als rein elastisches und periodisches Verhalten charakterisiert werden kann, welches sowohl mechanisch- sowie thermisch-bedingte Einflüssen aufweist. Es traten konstante Rückkopplungseffekte zwischen elastischer Werkstückverformung und realer Spanungsdicke auf, welche eine gute Prognosefähigkeit und Prädiktion des Werkstückverhaltens ermöglichen.

Zentraler Gegenstand der Dissertation ist die Entwicklung einer Methodik zur Prädiktion der Maßhaltigkeit der gefertigten Profilnuten, welche auf den Erkenntnissen aus den empirischen Versuchen aufsetzt. Die Methodik setzt sich aus drei Schritten zusammen. Im ersten Schritt wird eine neu entwickelte Eingriffssimulation genutzt, welche erstmalig ein analytisches zeit- und ortabhängiges Modell der thermo-mechanischen Werkstückbelastung für die Räumbearbeitung generiert. Auf Basis dieses Modells wird anschließend das elastische Bauteilverhalten bestimmt und die Abweichung zum idealisierten Fall bestimmt. In einem dritten Schritt wird eine Konvergenzanalyse durchgeführt, welche die Rückkopplungseffekte zwischen Zerspankraft, elastischer Werkstückverformung und zerspantem Volumen im Bereich der Kalibierschneiden analysiert und die erzielbare Maßhaltigkeit in Form des Grenzwerts ermittelt. Es zeigte sich, dass der Grenzwert der Maßhaltigkeit primär von der Werkstückgeometrie abhängig ist und die Werkzeug- und Prozessparameter einen untergeordneten Einfluss haben. Anhand eines industriellen Anwendungsbeispiels wurde die Anwendbarkeit der Methodik abschließend bestätigt.

Abstract

During operation of an aircraft engine, the high centrifugal forces acting on the turbine blades are transmitted via the profiled slots into the turbine disk. For this reason, the interface between the two components is a safety-critical component for operation, which is manufactured using the broaching process. The geometry to be produced must meet particularly high requirements in terms of geometry and quality. Design measures to increase efficiency result in filigree structures, which promote elastic deformations under load during production and can result in geometric dimensional and shape deviations. This places high demands on the broaching manufacturing process.

In a newly developed test setup, the workpiece behavior during the broaching process was measured and quantified. Eddy-current measurements showed that this can be characterized as purely elastic and periodic behavior, which exhibits both mechanical and thermal influences. Constant effects between elastic workpiece deformation and real chip thickness appeared, which allow a good predictive ability and prediction of the workpiece behavior.

Another subject of the dissertation is the development of a methodology for predicting the dimensional accuracy of the manufactured profiled slots, which is based on the findings from the empirical tests. The methodology consists of three steps. In the first step, a developed tool engagement simulation is used, which for the first time generates an analytical time- and location-dependent model of the thermo-mechanical workpiece load during broaching. Based on this model, the elastic component behavior is then determined and the deviation from the idealized case is determined. In a third step, a convergence analysis is carried out which analyzes the interactions between cutting force, elastic workpiece deformation and machined volume for the calibration teeth and determines the achievable dimensional accuracy in the form of the limit value. It was shown that the dimensional accuracy limit value is primarily dependent on the workpiece geometry and that the tool and process parameters have a subordinate influence. The applicability of the methodology was finally confirmed by means of an industrial application example.

Inhaltsverzeichnis

Content

Formelzeichen und Abkürzungsverzeichnis

Formula Symbols and Abbreviations

Großbuchstaben

A	mm^2	Spanungsquerschnitt
A_k	mm^2	Spankammerquerschnitt
A_s	mm^2	Kontaktfläche zwischen Span und Spanfläche
B	mm	Breite der Analogie-Versuchswerkstücke / Stegbreite
B_s	g/kNs	Spez. Brennstoffverbrauch
B_{WS}	%	Wärmestromanteil in das Werkstück
F_c	N	Schnittkraft
F_{cN}	N	Schnittnormalkraft
F_i	N	Zerspankraftkomponente mit $i = c, cN, p$
$F_{i,c}$	N	Zerspanungsbedingter Anteil der Zerspankraftkomponente mit $i = c, cN, p$
$F_{i,e}$	N	Kontaktbedingter Anteil der Zerspankraftkomponente mit $i = c, cN, p$
F_i'	N/mm	Bezogene Zerspankraftkomponente mit $i = c, cN, p$
F_p	N	Passivkraft
F_R	N	Räumkraft
$F_{x,y,z}$	N	Kraft in x-, y- und z-Richtung
F_Z	N	Zerspankraft
$F_{Z,G}$	N	Gesamtzerspankraft
E	GPa	Elastizitätsmodul
H	mm	Werkstückhöhe / Kopfhöhe
I_z	mm^4	Flächenträgheitsmoment um die z-Achse
$I_{z,ges}$	mm^4	Gesamtflächenträgheitsmoment um die z-Achse
K_0	-	BESSEL-Funktion zweiter Gattung
$K_{i,c}$	-	Koeffizient des zerspanungsbedingten Anteils im Zerspankraftmodell nach ALTINTAS mit $i = c, cN, p$
$K_{i,e}$	-	Koeffizient des kontaktbedingten Anteils im Zerspankraftmodell nach ALTINTAS mit $i = c, cN, p$
N_{Pe}	-	PÉCLET-Zahl

P_c	W	Schnittleistung
P_e	W	Wirkleistung
P_f	W	Vorschubleistung
Q	J	Wärmemenge
$\dot{Q}$	W	Wärmestrom
R	mm	Spankammerradius
R^2	-	Bestimmtheitsmaß
S	µm	Schartigkeit
T	mm	Nuttiefe / Kraftangriffspunkt in den Analogieversuchen
T_M	K, °C	Temperatur am Punkt $M(X, Z)$
T_U	K, °C	Umgebungstemperatur
T_{max}	K, °C	Maximale Temperatur
Q_{KSS}	l/min	Kühlschmierstoffvolumenstrom
U	V	Ausgangsspannung am Messmodul
V_{KSS}	l	Kühlschmierstoffvolumen
VB	µm	Verschleißmarkenbreite

Kleinbuchstaben

b	mm	Schnittbreite
b_{fa}	mm	Freiflächenfase
c	mm	Spankammertiefe
c_{pm}	J/(K·kg)	Spez. Wärmekapazität
e	mm	Zahnrückendicke
h	mm	Spanungsdicke
h_{eff}	mm	Effektive Spanungsdicke
h_{lok}	mm	Lokale Spanungsdicke
h_{nom}	mm	Nominelle Spanungsdicke
$f_{Sensoren}$	kHz	Abtastfrequenz
f_{Zahn}	s^{-1}	Zahneintriffsfrequenz
k_i	N/mm^2	Spez. Zerspankraftkomponente mit $i = c, cN, p$
$k_{i1,1}$	N/mm^2	Hauptwert der spez. Schnittkraftkomponente mit $i = c, cN, p$

l	mm	Länge der Wärmequelle in Vorschubrichtung
l_c	mm	Schnittweg
l_H	mm	Hublänge
l_R	mm	Räumlänge
l_W	mm	Werkzeuglänge
m_i	-	Anstiegswert
n	-	Anzahl der Räumbahnen
$\dot{q}''$	W/m^2	Flächenbezogener Wärmestrom / Wärmestromdichte
$\dot{q}''_{ws}$	W/m^2	Flächenbezogener Wärmestrom ins Werkstück
r	-	Korrelationskoeffizient
r_β	µm	Schneidkantenradius
r_ε	mm	Schneideckenradius
r_N	mm	Radius der Nutkontur
t	mm	Teilung
t_c	s	Schnittzeit
v	m/min	Geschwindigkeit der bewegten Bandwärmequelle
v_c	m/min	Schnittgeschwindigkeit
v_f	m/min	Vorschubgeschwindigkeit
x	-	Spanraumfaktor
z	-	Zähnezahl
z_K	-	Kalibrierschneide
Δl	µm	Elastische Werkstückverformung
$\Delta l_{n_p}^{j_i}$	µm	Elastische Werkstückverformung i. A. v. der Verformungsrichtung mit $j = ad, rad$ der Position des Sensors mit $i = 1, 2, 3, 4, 5$ der Ursache der Verformung mit $n = me, th$ dem Zeitpunkt der Verformung mit $p = 0, s, ges$

Griechische Buchstaben

α	mm^2/s	Temperaturleitfähigkeit
α	µm/(K·m)	Wärmeausdehnungskoeffizient
α_0	°	Nomineller Freiwinkel
α_{lok}	°	Lokaler Freiwinkel

α_N	°	Sekundärer Freiwinkel
α_{WS}		Temperaturleitfähigkeit des Werkstücks
β_0	°	Nomineller Keilwinkel
γ_0	°	Nomineller Spanwinkel
γ_{lok}	°	Lokaler Spanwinkel
φ	°	Schleifwinkel
$\sigma_{s,mittel}$	MPa	Mittlere Normalkontaktspannung
μ	-	Nebenstromverhältnis
λ	W/(m·K)	Wärmeleitfähigkeit
λ_s	°	Neigungswinkel
ρ	g/cm³	Dichte
τ^{j_i}	s	Abkühldauer
$\tau_{s,mittel}$	MPa	Mittlere Schubkontaktspannung
ϑ		Fase der Schneidkantenecke

Abkürzungen

2D	Zweidimensional
ANOVA	Analysis of Variance
CAM	Computer-aided Manufacturing
DA	Direct Aged
ECM	Electro Chemical Machining
EDM	Electrical Discharge Machining
EU	Europäische Union
FEM	Finite Elemente Methode
HM	Hartmetall
HSS	Schnellarbeitsstahl
KI	Künstliche Intelligenz
KSS	Kühlschmierstoff
KMG	Koordinatenmessgerät
NETD	Noise-Equivalent Temperature Difference
WEDM	Drahtfunkenerosion

1 Einleitung

Die Europäische Kommission veröffentlichte im Jahr 2011 eine Roadmap unter dem Titel „Flightplan 2050 – Europe's Vision for Aviation", in welcher unter anderem ökologische Ziele für die zivile Luftfahrt festgelegt und quantifiziert wurden. Insbesondere die Senkungen der CO_2-Emissionen um 75 % und der NO_x-Emissionen um 90 % stellen hohe Anforderungen an die verfügbaren Technologien und Prozesse in der Luftfahrtindustrie [EURO11]. Möglichkeiten zur Steigerung des Turbinenwirkungsgrads und damit zur Reduzierung des Treibstoffverbrauchs sind unter anderem die Erhöhung des Nebenstromverhältnisses des Triebwerks sowie des Gesamtdruckverhältnisses des Verdichters. Der Zusammenhang zwischen Nebenstromverhältnis und spezifischem Brennstoffverbrauch sowie die Entwicklung des Verhältnisses in den vergangenen Jahren ist in Abbildung 1-1 links dargestellt.

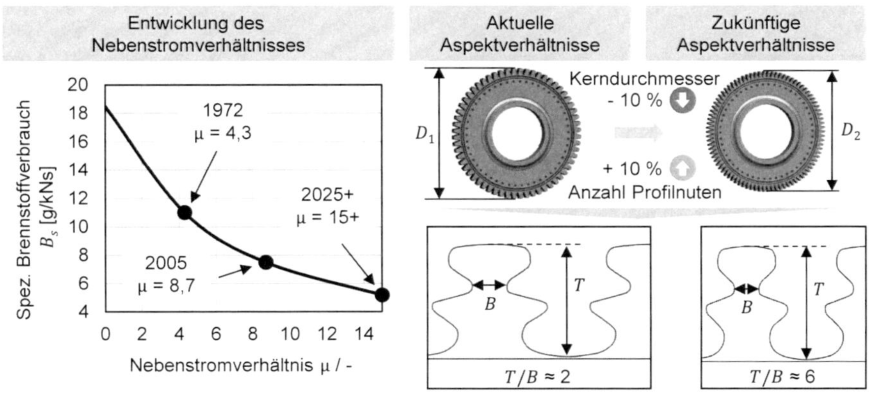

Abbildung 1-1: Entwicklung des Nebenstromverhältnisses und der Bauteilgeometrie in Flugzeugtriebwerken [ROLL15]

Development of the Bypass Ratio and Workpiece Design in Aircraft Engines [ROLL15]

Das Nebenstromverhältnis eines Mantelstromtriebwerkes beschreibt dabei das Verhältnis aus den zwei Luftströmen, welche am Kerntriebwerk vorbei und durch dieses hindurch strömen. Eine konkrete konstruktive Maßnahme zur Erhöhung dieses Verhältnisses, welche auch in aktuellen Entwicklungen sichtbar ist, ist eine Verkleinerung des Kerntriebwerkdurchmessers zur effizienteren Aufteilung der beiden Luftströme. Eine weitere konstruktive Maßnahme zur Erhöhung des Wirkungsgrades des Triebwerks ist eine Erhöhung der Beschaufelungsdichte der einzelnen Turbinenstufen, d.h. eine Vergrößerung der Anzahl der über den Scheibenumfang positionierten Turbinenschaufeln [ROLL15]. Dabei bewirkt eine engere Beschaufelungsdichte, dass innerhalb der Turbine ein größerer Anteil des statischen Drucks in kinetische Energie umgewandelt wird und bei optimierter Auslegung die Anzahl an Verdichter- und Turbinenstufen und damit das Gewicht reduziert werden kann. Die Folge beider Maßnahmen ist eine

Verkleinerung der Komponenten im Kerntriebwerk, z.B. der rotierenden Turbinenscheiben. Aufgrund der hohen thermischen, mechanischen und chemischen Belastungen, welchen die Komponenten im Betrieb ausgesetzt sind und der enormen Sicherheitsrelevanz müssen auch zukünftig enge Toleranzgrenzen bei der Fertigung eingehalten werden. Durch die Verkleinerung der zu fertigenden Strukturen und den gleich bleibenden Toleranzanforderungen werden immer größere Herausforderungen an den Fertigungsprozess von sicherheitskritischen Bauteilmerkmalen gestellt.

Im Fokus dieser Forschungsarbeit steht die Schnittstelle zwischen den Turbinenschaufeln und der Turbinenscheibe, welche hohen Belastungen unterliegt und folglich besondere Sicherheitsmaßstäbe zu erfüllen hat. Die Fixierung der Turbinenschaufeln erfolgt bei den modular aufgebauten Stufen des Hochdruckverdichters und -turbine formschlüssig über sogenannte Schwalbenschwanz- oder Tannenbaumprofilnuten. Die komplexen Profile werden nach aktuellem Stand der Technik nahezu ausschließlich mittels des spanenden Fertigungsverfahrens Räumen gefertigt. Das Räumen ist gekennzeichnet durch eine hohe Produktivität und Genauigkeit. Die dargestellten konstruktiven Entwicklungen innerhalb der Turbine führen zu einer Verkleinerung der tragenden Strukturen. Bezogen auf die Turbinenscheibe zeigt sich diese Entwicklung insbesondere in einer Vergrößerung des Aspektverhältnis aus minimaler Stegbreite B und Tiefe T der Profilnut (vgl. Abbildung 1-1 rechts). Der geringere Querschnitt resultiert in einer reduzierten Steifigkeit des Werkstücks, wodurch elastische Deformationen im Fertigungsprozess begünstigt werden. Diese Verkleinerung können wiederum zu geometrischen Abweichungen an den Funktionsflächen der jeweiligen Profilnuten führen, welche aus strukturmechanischen Gesichtspunkten zu einer Beeinträchtigung der Kraftübertragung zwischen Schaufel und Turbinenscheibe führt. Insbesondere bei sicherheitskritischen Bauteilen sind die Form- und Lagegenauigkeit an Funktionsflächen eng toleriert und daher eins der entscheidenden Qualitätsmerkmale. Bei anderen Fertigungsverfahren, wie beispielsweise dem Drehen oder dem Fräsen, kann im Anschluss an eine KMG-Messung eine Maßkompensation über Korrekturwerte im CAM-Programm durchgeführt werden. Diese iterative Prozessauslegung bis zum Erreichen der geforderten Maßhaltigkeit ist beim Räumen aufgrund der vordefinierten Werkzeuggeometrie und der eingeschränkten Prozesskinematik nicht möglich. Eine Prädiktion der erzielbaren Maßhaltigkeit für sicherheitskritische und kostenintensive Bauteile ist daher umso wichtiger um den Fertigungsprozess effizient auslegen zu können.

Der Schwerpunkt dieser Arbeit liegt in der empirischen Analyse sowie der analytischen Modellierung der mechanisch- und thermisch-bedingten elastischen Bauteilverformung während der Räumbearbeitung. Das Ziel ist die Ableitung eines generischen Vorgehens zur Prädiktion der erzielbaren Maßhaltigkeit der gefertigten Werkstückgeometrie. Anschließend werden Handlungsmaßnahmen hinsichtlich der Werkzeug- und Prozessauslegung zur Reduktion der Geometrieabweichungen abgeleitet, sodass auch zukünftig die steigenden Toleranzanforderungen aufgrund der aktuellen Entwicklungen in der Triebwerksindustrie durch das Fertigungsverfahren Räumen erfüllt werden können.

Introduction

In 2011, the European Commission published a roadmap entitled "Flightplan 2050 - Europe's Vision for Aviation", in which, among other things, economic targets for civil aviation were defined and quantified. In particular, the reductions of 75% in CO_2 emissions and 90% in NOx emissions place high demands on the available technologies and processes in the aviation industry [EURO11]. Possibilities for increasing turbine efficiency and thus reducing fuel consumption include increasing the bypass ratio of the engine and the overall pressure ratio of the compressor. The relationship between bypass ratio and specific fuel consumption and the development of the ratio in recent years is shown in Figure 1-2 on the left.

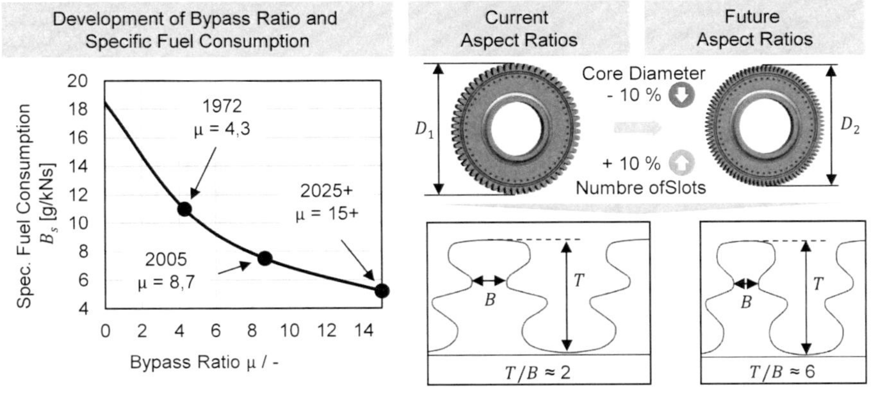

Figure 1-2: Recent Developments in Aircraft Engines [ROLL15]

Aktuelle Entwicklungen in Flugzeugtriebwerken [ROLL15]

The bypass ratio of a turbofan engine describes the ratio of the two air streams flowing besides and through the core engine. One specific design measure for increasing this ratio, which is also visible in current developments, is a reduction in the diameter of the core engine to divide the two air streams more efficiently. Another design measure to increase the efficiency of the engine is to increase the blading density of the individual turbine stages, i.e. to increase the size of the turbine blades positioned around the circumference of the disk [ROLL15]. The effect of a closer blading density is that a larger proportion of the static pressure is converted into kinetic energy within the turbine and, with an optimized design, the number of compressor and turbine stages and thus the weight can be reduced. The consequence of both measures is a miniaturization of the components in the core engine, e.g. the rotating turbine disks. Due to the high thermal, mechanical and chemical stresses to which the components are subjected during operation and their enormous relevance to safety, tight tolerance limits will have to be maintained during production in the future as well. Due to the miniaturization of the structures to be manufactured and the constant tolerance requirements, ever greater challenges are being placed on the manufacturing process for safety-critical component features.

The focus of this research work is the interface between the turbine blades and the turbine disk, which is subject to high loads and consequently has to meet special safety standards. In the modular stages of the high-pressure compressor and turbine, the turbine blades are fixed form-fitted by means of dovetail or fir-tree profile grooves. The complex profiles are manufactured almost exclusively by means of the broaching machining process in accordance with the current state of the art. Broaching is characterized by high productivity and accuracy. The design developments described within the turbine lead to a reduction in the size of the load-bearing structures. In relation to the turbine disk, this development is reflected in particular in an increase in the aspect ratio of minimum web width B and depth T of the profile groove (see Figure 1-2 right). The smaller cross section results in a reduced stiffness of the workpiece, which favors elastic deformations during the manufacturing process. This can result in geometric deviations at the functional surfaces of the respective profile grooves, which from a structural-mechanical point of view leads to an impairment of the power transmission between blade and turbine disk. Particularly in the case of safety-critical components, the form and positional accuracy on functional surfaces are closely toleranced and are therefore one of the decisive quality characteristics. In other manufacturing processes, such as turning or milling, dimensional compensation can be performed via correction values in the CAM program following a CMM measurement. This iterative process design until the required dimensional accuracy is achieved is not possible with broaching due to the fixed tool geometry and the limited process kinematics. Predicting the achievable dimensional accuracy for safety-critical and cost-intensive components is therefore all the more important.

The focus of this work is on the empirical analysis and analytical modeling of the mechanically and thermally induced elastic component deformation during broaching. The objective is the development of a design model for the prediction of the achievable dimensional accuracy of the manufactured workpiece geometry. Subsequently, measures for the reduction of geometrical deviations are derived with regard to tool and process design, so that the increasing tolerance requirements due to the current developments in the engine industry can also be met by the broaching manufacturing process in the future.

2 Stand der Wissenschaft und Technik

State of the Art

Die Räumtechnologie ist ein Fertigungsverfahren zur Erzeugung geometrisch komplexer Innen- und Außenprofile mit hohen Anforderungen an die Oberflächenqualität und Formgenauigkeit [KLOC18]. Im folgenden Kapitel werden zuerst die Grundlagen des Räumprozesses hinsichtlich der Werkzeuggeometrie und anwendungsspezifischen Besonderheiten erläutert. Anschließend werden bestehende Ansätze zur Modellierung des thermo-mechanischen Belastungskollektivs beim Räumen dargestellt. Abschließend werden Arbeiten zur Analyse zerspanungsinduzierter Gestaltabweichungen durch das Räumen analysiert und der Forschungsbedarf abgeleitet.

2.1 Grundlagen des Räumprozesses

Fundamentals of the Broaching Process

DIN 8589-5 definiert das Räumen als ein spanendes Fertigungsverfahren mit einem mehrzahnigen Werkzeug, bei dem die Schneidzähne hintereinanderliegen und jeweils um eine Spanungsdicke gestaffelt sind. Die Vorschubbewegung wird durch die senkrecht zur Schnittgeschwindigkeitsrichtung stehende Zahnstaffelung ersetzt. Die ausgeführte Schnittbewegung ist translatorisch, kann aber in besonderen Fällen auch schrauben- oder kreisförmig sein [DIN8589]. DIN 8580 gliedert das Räumverfahren in die fünf Untergruppen Planräumen, Rundräumen, Schraubenräumen, Profilräumen und Formräumen. Ein weiteres Kriterium zur Einordnung des Räumverfahrens kann hinsichtlich der Lage der Bearbeitungsstelle am Werkstück in Bezug zum Werkzeug vorgenommen werden. Allgemein wird zwischen Innen- und Außenräumen unterschieden. Beim Innenräumen findet die Bearbeitung von Innenflächen statt, bei welcher das Werkzeug durch ein Werkstück gezogen bzw. gedrückt wird. Beim Außenräumen wird durch ein Vorbeiführen des Werkzeugs oder des Werkstücks am jeweils ortsfesten Gegenpartner eine Relativbewegung zwischen Werkzeug und Werkstück realisiert. Aufgrund der Verfahrenskinematik können die jeweiligen Räumwerkzeuge allein für die Herstellung einer spezifischen Geometrie eingesetzt werden. Hauptanwendungsgebiete sind im Automobilbau, in der Luftfahrt und der Energieerzeugung zu finden. In der Automobilindustrie werden Räumwerkzeuge aufgrund ihres hohen Preises rein in der Serienfertigung eingesetzt [LANG05]. Typische Bauteilmerkmale, welche im Automobilbau mittels Räumen hergestellt werden, sind Komponenten aus dem Antriebsstrang, insbesondere Zahnräder und formschlüssige Welle-Nabe-Verbindungen. Mit Stückzahlen von mehr als 400 Mio. Stück pro Jahr kommt dem Räumprozess dort eine bedeutende Rolle zu. Die hohen Stückzahlen sowie das hohe Zeitspanvolumen relativieren die hohen Werkzeugkosten.

Das Räumverfahren findet neben der Automobilindustrie auch bei der Herstellung von Profilnuten in Turbinenscheiben Anwendung. Diese sind rotierende Komponenten im Verdichter- und Turbinenbereich in Triebwerken, auf welche hohe Fliehkräfte und Temperaturen wirken. Da ein Versagen im Betrieb zu starken Beschädigungen am gesamten Flugzeug führen kann, erfordern die rotierenden Triebwerksscheiben höchste Qualität und müssen strenge Sicherheitskriterien erfüllen [ADAM98]. Bei der Bauweise von Triebwerksscheiben kann zwischen der Integral- und Differenzialbauweise unterschieden werden. Die Integralbauweise beschreibt sogenannte Blisks (Blade Integrated Disk), welches aus dem Vollen gefräste oder mittels abtragenden Fertigungsverfahren hergestellte Triebwerksscheiben sind. Diese Integralbauteile werden insbesondere im Niederdruckverdichter neuer Triebwerkgenerationen eingesetzt und entsprechen dort dem Stand der Technik. In den einzelnen Hochdruckverdichter- und Hochdruckturbinenstufen wird die Differenzialbauweise eingesetzt, bei welcher die Fixierung der Turbinenschaufeln an der Turbinenscheibe formschlüssig über Schwalbenschwanz- oder Tannenbaumprofilnuten erfolgt [KLOC13a; KLOC15]. Diese formschlüssige Befestigung ermöglicht eine marginale radiale Bewegung der eingesetzten Turbinenschaufeln unter Fliehkraftbeanspruchung und trägt damit entscheidend zur Dämpfung von Schaufelschwingungen bei. Die nicht-stoffschlüssige Verbindung ermöglicht darüber hinaus einen einfachen Austausch defekter bzw. verschlissener Schaufeln. Die im Hochtemperaturbereich erforderliche Innenkühlung der einzelnen Schaufeln lässt sich zudem nicht in mittels Integralbauweise gefertigte Blisken integrieren, da die Zugänglichkeit zur Einbringung innerer Kühlstrukturen nicht mehr gegeben ist. Die gesteckte Bauart ist daher für den Hochtemperaturbereich einer Turbine alternativlos [BRAE15].

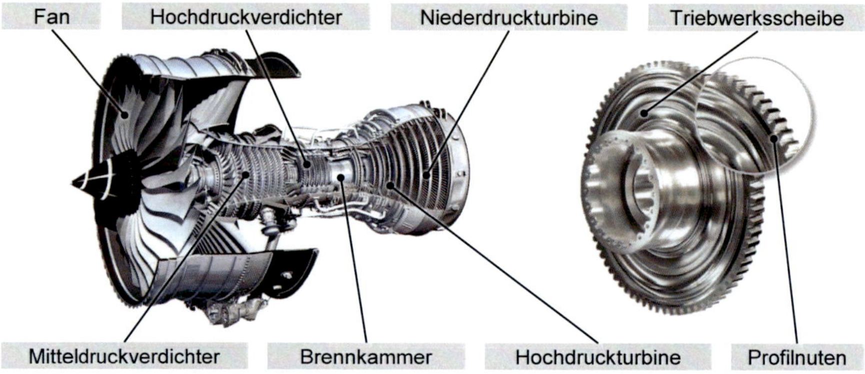

Abbildung 2-1: Aufbau eines Mantelstromtriebwerk und Profilnuten einer Turbinenscheibe [FLUG16]

Design of a Turbofan Engine and Profiled Grooves of a Turbine Disk [FLUG16]

Zur Erzielung hoher Wirkungsgrade im Betrieb werden die Flugzeugtriebwerke unter sehr anspruchsvollen thermo-mechanischen Bedingungen betrieben, was den Einsatz von hochwarmfesten und für den Anwendungsfall optimierten Werkstoffe notwendig macht. Im Bereich des Niederdruckverdichters kommen zumeist Titanwerkstoffe zum Einsatz, wohingegen im Bereich vom Hochdruckverdichter bis in die Niederdruckturbine Nickelbasislegierungen eingesetzt werden [BRAE15]. Diese Werkstoffe stellen aufgrund ihrer chemischen und mechanischen Eigenschaften hohe Anforderungen an den Zerspanprozess. Herausforderungen sind niedrige realisierbare Zeitspanvolumina bei gleichzeitig schnell fortschreitendem adhäsivem und abrasivem Werkzeugverschleiß. Als Schneidstoff wird in der Räumbearbeitung Schnellarbeitsstahl (HSS) eingesetzt. Bestrebung zum Einsatz von Hartmetall zur Erhöhung der Schnittgeschwindigkeiten finden bislang lediglich in Ausnahmefällen industrielle Anwendung, da aufgrund der großen Sprödigkeit des Hartmetalls die Gefahr von Schneidkantenausbrüchen als groß für die Fertigung der sicherheitskritischen Bauteile eingestuft wird. SEIMANN untersuchte das Bruchverhalten von Hartmetallräumwerkzeugen mittels empirischen und numerischen Analysen und stellte ein Gestaltungsmodell zur Auslegung von Hartmetallräumwerkzeugen auf [SEIM19]. PENG nutzte numerischen Methoden sowie KI-Algorithmen zur Modellierung der thermischen und mechanischen Werkzeugbelastung beim Räumen mit Hartmetallwerkzeugen. Ziel war es, die aus der thermomechanischen Belastung resultierende Werkzeugverschleißentwicklung zu prädizieren und daraus Handlungsempfehlungen für die Werkzeug- und Prozessauslegung abzuleiten [PENG21]. Die technologischen Prozesseinstellgrößen sind beim Räumen konstruktiv durch das Werkzeug vorgegeben. Eine Änderung dieser nach der Fertigung der Werkzeuge ist nicht oder nur teilweise mit erheblichem Aufwand möglich. Lediglich durch den Prozessparameter der Schnittgeschwindigkeit kann im Anschluss an die Werkzeugfertigung noch Einfluss auf den Räumprozess genommen werden. Der Auslegung und Konstruktion der Werkzeuge kommt daher eine große Bedeutung zu. Die traditionelle Räumwerkzeugauslegung folgt einer Konstruktionsmethodik, welche ein systematisches, sich wiederholendes Vorgehen aus einzelnen Arbeitsschritten zur ganzheitlichen Auslegung eines Räumwerkzeugsatzes vorgibt [DIN1415; LAUF88]. Das Ergebnis dieses Auslegungsprozesses ist sehr von der Expertise des Konstrukteurs und den Tabellenwerten der DIN 1416 abhängig [DIN1416]. Diese Tatsache motivierte die Entwicklung von mathematischen Modellen und Algorithmen zur optimierten Auslegung von Räumwerkzeugen hinsichtlich der Schnittaufteilung, welche auch primär durch die zu fertigende Profilnutgeometrie definiert wird [KISH12; HOSS13b; HOSS14]. Im Jahr 2020 veröffentlichten ARRAZOLA ET AL. ein CIRP Keynote-Paper über das Räumverfahren, in welchem werkzeug- und maschinenseitige Besonderheiten des Räumprozesses sowie der aktuelle Stand der Forschung und Erkenntnisse zusammengetragen wurden [ARRA20].

Methoden zur Schnittaufteilung von Räumwerkzeugen

Es existieren unterschiedliche Ansätze zur Auswahl der spezifischen Profilnutgeometrie. Die Gestalt des Profils wird immer zur erwarteten mechanischen, thermischen und dynamischen Belastung im Betrieb des Triebwerks ausgelegt. Die Anzahl der Tragflanken, auf welche die Fliehkraftbelastung wirkt, sowie der Winkel der Flankenpaare stellen unter anderem Auslegungskriterien für Profilnuten dar. Je höher beispielsweise die strukturmechanische Belastung der Turbinenscheibe ist, desto mehr Tragflankenpaare werden benötigt, um die im Betrieb auftretenden Kräfte sicher in die Turbinenscheibe einleiten zu können. Es besteht daher grundsätzlich eine Tendenz zum Einsatz von Schwalbenschwanzprofilen mit einer Tragflanke im Niederdruckbereich und

Tannenbaumprofilnuten mit zwei oder mehr Tragflanken im Hochdruckbereich des Triebwerkes [ROLL15].

Bezogen auf die Fertigung von Schwalbenschwanz- oder Tannenbaumprofilnuten kann zwischen verschiedenen Staffelungsarten unterschieden werden. Die Staffelung beschreibt das Zerspanschema, mit welchem die Zielgeometrie gefertigt wird. DIN 1415 definiert die grundlegenden Staffelungsarten. Bei der Außenräumbearbeitung sind das insbesondere die Tiefenstaffelung, die Seitenstaffelung und die Keilstaffelung [DIN1415]. Eine beispielhafte Schnittaufteilung zur Fertigung einer Profilnutgeometrie ist in Abbildung 2-2 links dargestellt. Räumwerkzeuge können generell in einen Schruppabschnitt (Nr. 1), ein Semischlichtabschnitt (Nr. 2), einen Schlichtabschnitt (Nr. 3) und einen Kalibrierabschnitt unterteilt werden. Das Kalibrierwerkzeug besitzt nominell eine Spanungsdicke von h = 0 mm und weist die geometrische Gestalt der letzten Schlichtschneide auf. Die einzelnen Schruppsegmente (Nr. 1) zerspanen orthogonal zur Werkstückoberfläche in die Tiefe der Nut als sogenannte Tiefenstechwerkzeuge in Tiefenstaffelung. Zielgröße dieser Werkzeuge ist die Realisierung eines möglichst großen Zerspanvolumens zur Maximierung der Produktivität. Die Spanungsdicke ist hierbei von der vorhandenen Maschinenleistung und der Biegebruchfestigkeit des verwendeten Schneidstoffs abhängig [OZTU03]. Die Semischlichtsegmente (Nr. 2) sind in Keilstaffelung ausgeführt, einer Kombination der Tiefen- und Seitenstaffelung, wodurch in definierten Bereichen eine konstante Spanungsdicke realisiert und das Zerspanvolumen maximiert werden kann [MAND14]. Die Schlichtsegmente (3) sind als Profilschneiden ausgeführt, welche entlang der gesamten Werkstückkontur zerspanen. Die Herausforderung bei der schleiftechnischen Herstellung der Schlichträumwerkzeuge liegt darin, Zahnstaffelungen zu wählen, welche über die gesamte Werkzeugkontur orthogonal zum Werkstück ansteigen.

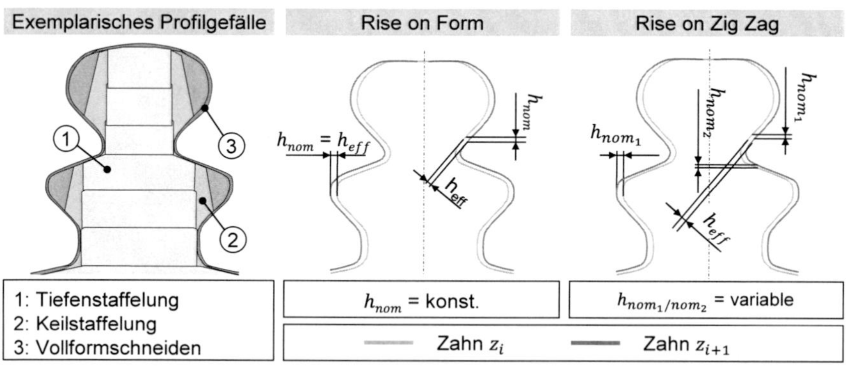

Abbildung 2-2: Schnittaufteilung beim Räumen in Anlehnung an [DIN1415; DENK11; SEIM19]

Cutting Strategies in Broaching [DIN1415; DENK11; SEIM19]

VOGTEL entwickelte ein Gestaltungsmodell zur belastungsgerechten Schnittaufteilung beim Räumen einer Nickelbasislegierung mit Hartmetallräumwerkzeugen unter Berücksichtigung von maschinen-, werkzeug- und werkstückseitigen Restriktionen. Auf

Basis einer gegebenen Profilnutgeometrie entwickelte er einen Algorithmus zur Minimierung der Räumwerkzeuglänge. Der Algorithmus basiert auf manuell gesetzten Grenzen für maximal und minimal zulässige Spanungsdicken, die maximale Kraft pro Schneide sowie die maximale Gesamtzerspankraft. Der Algorithmus bestimmt anschließend optimierte Werte für die Spanungsdicke und die Spanungsbreite unter Berücksichtigung der Profilnutgeometrie und der gesetzten Grenzwerte [VOGT16].

Bei den Schlichtwerkzeugen wird zwischen zwei grundlegenden Varianten unterschieden (vgl. Abbildung 2-2 rechts). Die Variante ‚Rise on Form' weist nominell eine konstant bleibende Spanungsdicke h_{nom} auf. Vorteil dieser Variante ist eine einfachere konstruktive Auslegung und kürzere Fertigungszeiten der Werkzeuge. Bei der Variante ‚Rise on Zig Zag' variiert die Spanungsdicke über die gesamte Werkzeugkontur. In Bereichen, welche für den späteren Betrieb eine untergeordnete Relevanz haben (z.B. die nicht-tragenden Flanken), können dadurch größere Spanungsdicken realisiert werden, wodurch die Werkzeuglänge sinkt und die Produktivität steigt [DENK11]. In beiden Fällen resultieren jedoch aus der Schneidenstaffelung bei orthogonaler Betrachtung im Bezug zur Schneidkante lokal variierende Spanungsdicken ($h_{nom,1} \neq h_{nom,2} \neq h_{eff}$). In Abhängigkeit von der Werkzeugauslegung und der schleiftechnischen Bearbeitung liegt folglich eine über die gesamte Werkzeugkontur lokal variierende Spanungsdickenverteilung vor. Eine unmittelbare Konsequenz daraus sind lokal schwankende Schnitt- und Schnittnormalkräfte entlang der Werkzeugschneide [OZLU10] (siehe Kapitel 2.3).

Werkzeugmakro- und mikrogeometrie von Turbinenräumwerkzeugen

Die Werkzeuggeometrie eines Räumwerkzeuges wird im Allgemeinen durch die Makro- und Mikrogeometrie jedes einzelnen Zahnes definiert. Die geometrischen Parameter sind in Abbildung 2-3 dargestellt. Die Geometrie eines einzelnen Räumwerkzeugzahns ist in Norm DIN 1416 definiert. Diese umfasst die geometrischen Größen des Schneidkeils, der Spankammer und der Teilung [DIN1416].

Der Schneidkeil wird durch die Parameter Spanwinkel γ_0, Freiwinkel α_0 und Freiflächenfase b_{fa} definiert. Die Freiflächenfase dient der zusätzlichen Stabilität der Schneidkante. Der Anstieg von Schneide zu Schneide wird als Spanungsdicke h, im Englischen auch als „Rise-per-tooth (RPT)", bezeichnet. Die Schnittbreite b definiert den Spanungsquerschnitt A. Dieser unterscheidet sich in Abhängigkeit von der geometrischen Gestaltung der Schneidenecke. Zum Schutz vor verstärktem Eckenverschleiß wird bei Räumwerkzeugen aus Schnellarbeitsstahl eine Fase unter einem Winkel ϑ angeschliffen [OZTU03]. Die zweite Variante der Eckengestaltung sieht das Anschleifen eines Eckenradius r_ε vor. Laut SEIMANN ist dies bei Räumwerkzeugen aus Hartmetall zu bevorzugen, da dadurch Spannungsspitzen im Bereich der Ecke reduziert und Ausbrüche minimiert bzw. verhindert werden können [VOGT16; SEIM19]. Durch eine Verjüngung der Werkzeugschneide in Richtung der Aufnahme um einen sekundären Freiwinkel α_N kann das Auftreten von Reibungseffekten an den Nebenflächen vermieden werden. Die Größe der einzelnen Parameter hängt von der Fertigungsart, dem zu zerspanenden Werkstoff und dem Schneidstoff ab.

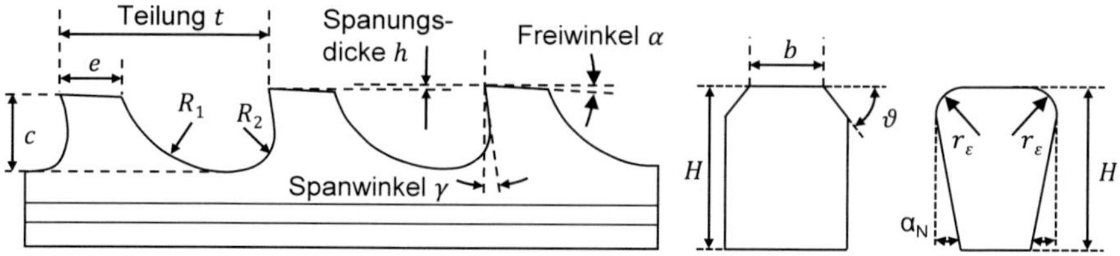

Abbildung 2-3: Geometrie eines Räumwerkzeuges

Geometry of a Broaching Tool

In DIN 1416 ist neben dem Schneidkeil auch die Spankammergeometrie definiert. Die Aufgabe der Spankammer liegt in der Formung und im Abtransport des Spans. Die Spankammer ist so auszulegen, dass sich die Späne einrollen und prozesssicher aus der Zerspanzone entfernt werden. Kanten und Ecken, die ein Einrollen des Spanes verhindern bzw. behindern können, sind daher zu vermeiden. Nach dem Austritt des Werkzeuges aus dem Werkstück fallen die Späne entweder automatisch in den Spänebehälter oder werden mittels einer entsprechend positionierten Bürste aus der Spankammer entfernt. In der Spankammer verbleibende Späne können beim nachfolgenden Schnitt zu einem Spänestau und zum Werkzeugbruch führen. Für einen prozesssicheren Einsatz des Räumwerkzeuges ist es daher notwendig, die Spankammer so auszulegen, dass auch der Verbleib mehrerer Späne gewährleistet werden kann. In der Werkzeugauslegung wird dies über den Spanraumfaktor x berücksichtigt, welcher zumeist auf Erfahrungswerten des Konstrukteurs beruht. Der notwendige Spankammerquerschnitt A_k ergibt sich folglich aus den Größen Spanungsdicke h, Räumlänge l_R und Spanraumfaktor x und kann mittels Gleichung 2.1 berechnet werden:

$$A_k = h \cdot l_R \cdot x \tag{2.1}$$

Die Geometrie der Spankammer ist des Weiteren durch die Spankammerradien R_1 und R_2, die Spankammertiefe c, die Teilung t und die Zahnrückendicke e definiert. In DIN 1416 sind diese Werte in Abhängigkeit von der Teilung t genormt und können dem Tabellenwerk entnommen werden [DIN1416]. Diese Standardisierung stellt sicher, dass bei der Herstellung der Werkzeuge genormte Dreh- und Fräswerkzeuge sowie genormte Schleifenscheiben eingesetzt werden können.

Die Teilung t bezeichnet den Abstand zwischen zwei aufeinander folgende Schneiden und definiert folglich die Zahneintrittsfrequenz f_{Zahn}. Die Teilung wirkt sich maßgeblich auf die Steifigkeit des Gesamtsystems (Werkzeug, Vorrichtung, Maschine) aus. Neben der Zahneingriffsfrequenz definiert die Teilung auch die Spankammergröße, die Werkzeuggesamtlänge sowie die Anzahl der gleichzeitig im Eingriff befindenden Schneiden in Abhängigkeit von der Werkstückhöhe. Aus den Gestaltungsregeln für die Werkzeugauslegung wurde der in Gleichung 2.2 gegebene Zusammenhang abgeleitet. Der Koeffizient a_1 variiert dabei erfahrungsbasiert in Abhängigkeit vom Werkzeughersteller zwischen 2,3 < a_1 < 2,4 [FORS00; HOFF76].

$$t = a_1 \cdot \sqrt{h \cdot l_R \cdot x} = a_1 \cdot \sqrt{A_k} \tag{2.2}$$

Bei der Räumbearbeitung sollte immer mindestens eine Werkzeugschneide im Eingriff sein, um dynamische Effekte zwischen Werkzeug und Werkstück zu vermeiden [HOSS14]. Neben den dargelegten grundlegenden Zusammenhängen, welche in der DIN 1416 festgeschrieben wurden, entwickelte HOSSINI ein analytisches Modell zu Beschreibung der im Räumzahn wirkenden Belastungen [HOSS13b; HOSS14]. Insbesondere die Zahnrückendicke e muss so ausgelegt sein, dass der Räumzahn die erforderliche Festigkeit im Zerspanprozess aufbringt (vgl. Abbildung 2-3). Unter Berücksichtigung der geforderten Nachschleifzyklen gibt HOSSINI für die Spanrückendicke e und die Spankammertiefe c folgende praktikable Startwerte in Abhängigkeit von der Teilung an:

$$e = 0{,}3 \cdot t \tag{2.3}$$

$$c = 0{,}4 \cdot t \tag{2.4}$$

Für die Spankammerradien R_1 (im Bereich des Zahnrückens) und R_2 (im Bereich der Spanfläche) leitet er auf Basis der berechneten Belastungen im Schneidkeil folgende Berechnungsweisen her:

$$R_1 = \frac{c}{2} = 0{,}2 \cdot t \tag{2.5}$$

$$R_2 = \frac{t^2 \cdot (0{,}41 + 0{,}2 \cdot \tan(\gamma_0) - 0{,}24 \cdot \tan(\alpha_0)) + h^2 - 0{,}8 \cdot t \cdot h + 0{,}6 \cdot t \cdot \tan(\alpha_0) \cdot h}{2 \cdot t \cdot (0{,}4 - 0{,}3 \cdot \tan(\alpha_0)) - h} \tag{2.6}$$

Durch die mathematische Beschreibung der vorliegenden Spannungen im Schneidkeil und anschließender analytischer Optimierung konnten Auslegungskriterien zur Werkzeugkonstruktion abgeleitet werden [HOSS14].

ÖZELKAN formulierte die Werkzeugauslegung als mathematisches, nichtlineares und nicht-konvexes Optimierungsproblem. Zielgröße war die Maximierung des Zerspanvolumens beim Schruppen und Semischlichten von Profilnuten. Als Randbedingungen formulierte er die Maschinenleistung, die Hublänge, die maximal zulässige Belastung der Schneidkante, den Spankammerquerschnitt sowie die Spanungsdicke als mathematische Funktionen. Zur Lösung dieses Optimierungsproblems nutzte er eine grafische Methode zur Bestimmung der optimalen Betriebspunkte der Werkzeugteilung und der Spanungsdicke. [ÖZEL07; ÖZEL11]

Eine weitere wichtige Eingangsgröße bei der Auslegung der Räumwerkzeuge ist die im Prozess vorliegende mechanische und thermische Belastung des Werkzeugs im Zerspanprozess. Das wirkende thermo-mechanische Belastungskollektiv bei der Räumbearbeitung ist aufgrund der komplexen Eingriffsbedingungen, dem gleichzeitigen mehrschneidigen Zahneingriff, der Werkstoff-Schneidstoff-Kombination und dem spezifischen Schnittgeschwindigkeitsbereich für den Bereich der Zerspanung einzigartig. In den folgenden beiden Kapiteln werden die Grundlagen sowie Modellierungsansätze zur Beschreibung der mechanischen (Kapitel 2.2) und thermischen (Kapitel 2.3) Belastung aufgezeigt. Die dargestellten Modellierungsansätze werden im Zuge der vorliegenden Arbeit zur Analyse der durch mechanische sowie thermische Effekte hervorgerufenen elastischen Werkstückverformung und der daraus resultierenden Geometrieabweichungen genutzt.

2.2 Analytische Zerspankraftmodellierung beim Räumen

Analytical Modelling of the Cutting Force in Broaching

Das folgende Kapitel fokussiert die im Räumprozess wirkende mechanische Werkzeug- und Werkstückbelastung. Die genaue Kenntnis der vorliegenden mechanischen Belastung auch für komplexe Eingriffsbedingungen ist für die Analyse bzw. Prädiktion der Gestaltabweichungen erforderlich, um die Verlagerungen des Werkzeug-Werkstoff-Systems zu berechnen. Aufbauend auf Normen, Fachbüchern und Dissertationen werden die Methoden zur Berechnung der Werkzeugbelastung für das Räumverfahren vorgestellt und Modellansätze zur Optimierung von Räumwerkzeugen diskutiert. Im Anschluss wird in diesem Kapitel eine Modellierungsmethode zur Bestimmung örtlich aufgelöster Schnittkraftkomponenten dargestellt und der Forschungsbedarf für diese Arbeit im Bezug zur Modellierung der Zerspankraftkomponenten beim Räumen abgeleitet.

Die mechanische Belastung des Werkzeugs und folglich auch des Werkstücks ist analog zur thermischen Belastung auf den Spanbildungsvorgang zurückzuführen. Bei der Räumbearbeitung als Variante der trennenden Fertigungsverfahren [DIN8589] muss zur Spanabnahme der Widerstand des Werkstoffs gegen Eindringen des Werkzeugs bzw. des Schneidkeils überwunden werden. Beim Eintreten des Schneidkeils wird der Werkstoff elastisch und plastisch verformt. Bei Überschreitung der Fließgrenze beginnt die Spanbildung. Dabei wird der verformte Werkstoff, der Span, als Materialfluss über die Spanfläche des Werkzeuges abgeführt. Somit erfolgen beim Zerspanen sowohl Trenn- als auch Umformvorgänge [KLOC18].

Während der Spanbildung wirkt die Zerspankraft F_z, welche auf Basis von DIN 6584 in die folgenden drei Zerspankraftkomponenten unterteilt werden kann [DIN6584]:

- Schnittkraft F_c – Komponente der Zerspankraft in Schnittrichtung
- Schnittnormalkraft F_{cN} – Komponente der Zerspankraft orthogonal zur erzeugten Fläche
- Passivkraft F_p – Komponente der Zerspankraft senkrecht zur Arbeitsebene

Abbildung 2-4 zeigt die Kraftverteilung und die Wirkrichtung am Schneidkeil eines Räumwerkzeugs. Die Passivkraft ist primär von dem Neigungswinkel λ_s abhängig, welcher die Neigung der Werkzeugschneide in Bezug zur Werkstückoberfläche beschreibt. Unter einem Neigungswinkel von λ_s = 0° wird die Passivkraft zu null. Die Abbildung zeigt einen idealisierten Schnittkraftverlauf für ein Werkzeug mit einem Neigungswinkel von λ_s = 0° sowie mit einem Neigungswinkel von $\lambda_s \neq 0°$. Mit zunehmendem Räumhub steigt die Schnittkraft für $\lambda_s \neq 0°$ aufgrund der zunehmenden Eingriffsbreite an bis das Werkzeug vollständig im Eingriff ist. Im Anschluss bleibt die Kraft bis zum Werkzeugaustritt konstant. Die Gesamtzerspankraft $F_{Z,G}$ ergibt sich beim Räumen aus der Summe der Zerspankräfte der gleichzeitig im Eingriff befindlichen Schneiden. Trotz kleiner Spanungsdicken kommt es daher zu einer hohen Gesamtschnittkraft. Die wechselnden Zahnein- und -austritte resultieren in einer variierenden Gesamtschnittkraft über die Spanungslänge. Die Anzahl der im Eingriff befindlichen Schneiden hängt von der Teilung des Werkzeugs t und von der Werkstückhöhe H ab. Bei nicht ganzzahligen Verhältnissen von $m = H/t$ entsteht eine periodisch schwankende Gesamtschnittkraft. [OPFE81; DENK11]

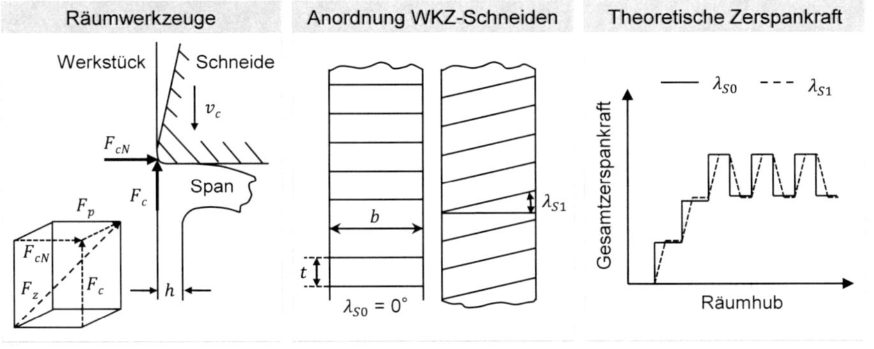

Abbildung 2-4: Wirkrichtungen der Zerspankraftkomponenten beim Räumen

Mechanical Tool Load during Broaching

In der Literatur existieren verschiedene Ansätze zur Modellierung der mechanischen Belastungen im Zerspanprozess. Es kann dabei zwischen den folgenden drei grundlegenden Modellierungsansätzen unterschieden werden [DENK11]:

- Empirische Modellierung (basierend auf experimentellen Ergebnissen)
- Analytische Modellierung (basierend auf den Grundlagen der elementaren Plastomechanik)
- Numerische Modellierung (basierend auf der Finite-Elemente-Methode)

Die ersten Arbeiten zur Kraftmodellierung fokussierten die Übertragung des Ansatzes zur Zerspankraftberechnung nach KIENZLE auf den Räumprozess [KIEN52; OPFE81; LAUF88]. Andere Arbeiten nutzen den Ansatz von ALTINTAS zur Modellierung der wirkenden Zerspankraft beim Räumen [OZTU03; OZLU10; ALTI12; MAND14]. Beide Ansätze basieren auf empirischen Untersuchungen und modellieren die Zerspankraft in analytischer Form. Eine weitere Möglichkeit zur Kraftmodellierung ist die numerische Modellierung, welche beispielsweise von BOEV genutzt wurde. Er untersuchte in seiner Arbeit die dynamischen Effekte zwischen Maschine und Bauteil beim Räumen und die daraus resultierende dynamische Änderung der Spanungsdicke. Die Effekte bildete er in FEM-Simulationen ab und leitete ein analytisches Kraftmodell auf Basis der generierten Daten ab [BOEV17]. Nachfolgend werden die empirisch-analytischen Modelle nach KIENZLE sowie nach ALTINTAS mit Bezug zum Räumen im Detail dargestellt und erläutert.

Bei der empirisch-analytischen Modellierung der Zerspankraft wird die gemessene Zerspankraft als Funktion der Eingriffsbedingungen angegeben, da eine direkte Proportionalität zwischen den einzelnen Zerspankraftkomponenten und der Spanungsbreite b bzw. dem Spanungsquerschnitt A besteht. Bezogen auf die Spanungsbreite bezeichnet man das Ergebnis als bezogene Zerspankraftkomponenten F_i', bezogen auf den Spanungsquerschnitt als spezifische Zerspankraftkomponenten k_i [ALTI12; KLOC18]. Durch Auftragen der spezifischen Zerspankraftkomponente über der Spanungsdicke h in einem doppellogarithmischen Diagramm entsteht ein linearer Zusammenhang, welcher durch die von OTTO KIENZLE 1952 entwickelte Gleichung abgebildet wird und eine Berechnung der Zerspankraftkomponenten ermöglicht (vgl. Gleichung 2.7) [KIEN52].

$$F_i = b \cdot k_{i1.1} \cdot h^{(1-m_i)} \tag{2.7}$$

Der Hauptwert der spezifischen Zerspankraftkomponente $k_{i1.1}$ beschreibt die zum Zerspanen eines Spans mit Spanungsbreite b = 1 mm und Spanungsdicke h = 1 mm notwendige Kraft. Der Faktor m_i beschreibt den Steigungswert der Geraden im doppellogarithmischen Diagramm. Nach VICTOR führt der Ansatz nach KIENZLE bei niedrigen Spanungsdicken, wie sie beim Räumen vorliegen, zu einer fehlerhaften Kraftermittlung. Demnach ist es notwendig, den ursprünglichen Ansatz in die folgenden drei Spanungsdickenbereiche zu unterteilen [VICT76]:

- Bereich I: 0,001 mm ≤ h < 0,01 mm
- Bereich II: 0,01 mm ≤ h < 0,1 mm
- Bereich III: 0,1 mm ≤ h < 1 mm

In den Arbeiten von OPFERKUCH und LAUFFER wurden anschließend noch die Einflüsse der Schnittgeschwindigkeit v_c, der Verschleißmarkenbreite VB und des Schnittwegs l_c mithilfe von Korrekturfaktoren in das Modell integriert [OPFE81; LAUF88].

Die Arbeiten von VOGTEL und SEIMANN basieren ebenfalls auf dem KIENZLE-Ansatz unter Berücksichtigung der Einschränkungen nach VICTOR. VOGTEL verwendete den Ansatz in Untersuchungen zur Räumbearbeitung mit Hartmetallwerkzeugen und ermittelte die auf den Schneidkeil wirkenden mittleren Kontaktspannungen $\sigma_{s,mittel}$ und $\tau_{s,mittel}$ in dem er die auf der Spanfläche wirkenden Normal- und Tangentialkräfte auf die Kontaktfläche zwischen Span und Spanfläche A_s bezog [VOGT16]. SEIMANN entwickelte auf Basis des KIENZLE-Ansatzes ein Kraftmodell für die Schruppbearbeitung für das Räumen von Profilnuten mit Hartmetallräumwerkzeugen und analysierte anschließend das Bruchverhalten von Hartmetallwerkzeugen mittels numerischer Simulationen. Durch diesen Ansatz konnten Spannungsspitzen im Werkzeug identifiziert und darauf basierend eine angepasste Werkzeug- und Prozessauslegung abgeleitet werden, die den prozesssicheren Einsatz des Schneidstoffs Hartmetall beim Räumen ermöglichen soll [SEIM19].

Als Alternative zum KIENZLE-Ansatz ist der Ansatz nach ALTINTAS zur Modellierung der mechanischen Belastungen in der Wissenschaft etabliert [ALTI12]. Dieser Ansatz basiert auf den Arbeiten von ALBRECHT und BUDAK, welche die Zerspankraftkomponenten in einen zerspanungsbedingten Anteil $F_{i,c}$ und einen kontaktbedingten Anteil $F_{i,e}$ unterteilten (vgl. Gleichung 2.8) [ALBR60; BUDA96].

$$F_i = F_{i,c} + F_{i,e} = K_{i,c} \cdot h \cdot b + K_{i,e} \cdot b \tag{2.8}$$

Die Bestimmung der Koeffizienten $K_{i,c}$ und $K_{i,e}$ mit $i = \{c, cN, p\}$ erfolgt über experimentelle Untersuchungen und ist für die jeweilige Werkzeug-Werkstoff-Kombination gültig. Es ist zu beachten, dass der kontaktbedingte Anteil abhängig vom Verschleißzustand des Werkzeugs ist. MANDRILE nutzte diesen Ansatz beim Räumen und verwendete für die Bestimmung der Koeffizienten polynomische Regressionsfunktionen [MAND14].

Die erläuterten Modellierungsansätze zur Zerspankraftberechnung fokussieren die integralen Größen der Schnittkraft F_c, der Schnittnormalkraft F_{cN} und der Passivkraft F_p. Wie in Kapitel 2.1 erläutert wurde, liegen bei der Räumbearbeitung von Profilnuten aufgrund des komplexen Profils der Werkzeugschneide lokal variierende Kontaktbedingungen vor. Dies bedeutet, dass die Parameter Spanungsdicke, Spanwinkel und Freiwinkel in Abhängigkeit von der Position entlang der Werkzeugschneide von den nominellen Werten abweichen. Abbildung 2-5 zeigt einen geometrischen Ansatz zur Bestimmung der lokalen Eingriffsbedingungen. Der Ansatz beruht auf einer Diskretisierung der Schneidkante zur Bestimmung der orthogonalen Zerspanparameter mittels trigonometrischer Funktionen, welche von SEIMANN im Jahr 2018 veröffentlicht wurde [SEIM18a].

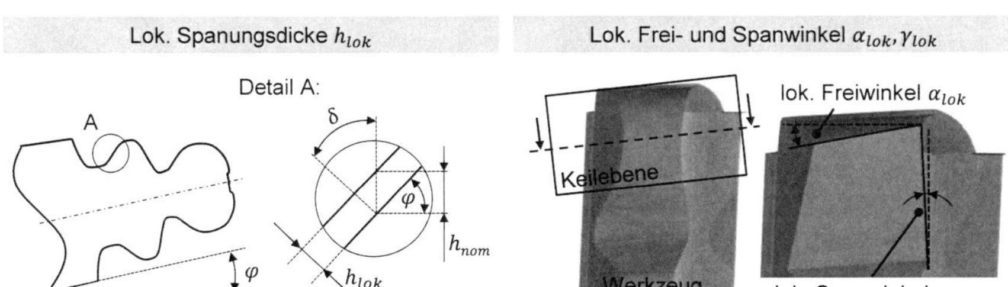

Abbildung 2-5: Ansatz zur Bestimmung der lokalen Eingriffsbedingungen

Approach to Determine the Local Engagement Conditions

Die lokale Spanungsdicke ist dabei insbesondere abhängig vom Schleifwinkel φ, unter dem das Werkzeug hergestellt wurde. Mittels folgender Formel konnte SEIMANN für jede Position entlang der Schneide die lokale Spanungsdicke bestimmen [SEIM18a]:

$$h_{lok} = \cos(\delta) \cdot h_{nom} \tag{2.9}$$
$$\text{mit } \delta = 90° - \varphi$$

Zur Bestimmung der lokalen Frei- und Spanwinkelkombinationen wurde die Werkzeugschneide des Schlichtwerkzeugs durch mehrere kubische Splines beschrieben. Durch die mathematische Beschreibung der Schneidkante, der Freifläche und der Spanfläche durch Polynome n-ten Grades sowie der Definition von Richtungsvektoren konnten auf Basis eines MATLAB-basierten Programmes diskrete Werte für die lokalen Zerspanbedingungen ermittelt werden. Eine beispielhafte Auswertung für eine Profilnutgeometrie ist in Abbildung 2-6 gezeigt.

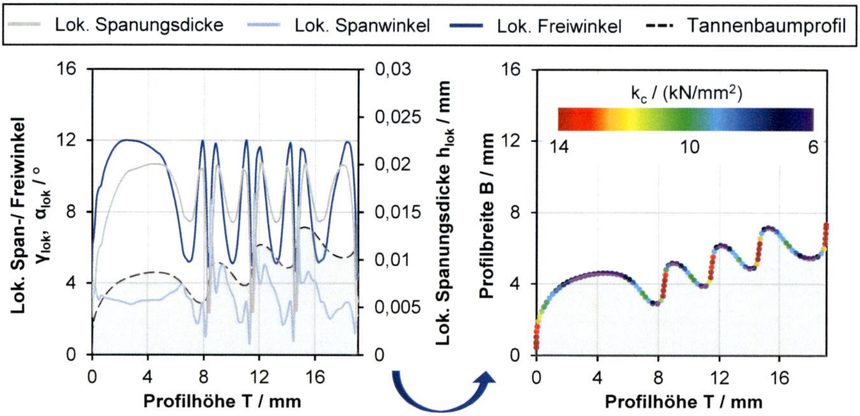

Abbildung 2-6: Verlauf der lokalen Zerspanparameter entlang der Profilhöhe (links), Verlauf der Schnittnormalkraft (rechts) [SEIM19; SEEL21]

Course of the Local Cutting Parameters along the Profile Height (left), Course of the Cutting Normal Force (right) [SEIM19; SEEL21]

Die lokale, mechanische Werkzeugbelastung war Bestandteil der Arbeiten von OZLU, SEIMANN und PENG [OZLU10; SEIM19; PENG21]. OZLU bezog in seinen Arbeiten erstmals die lokalen geometrischen Zerspanbedingungen unter Verwendung des Modells von ALTINTAS in die Kraftmodellierung mit ein und berechnete die lokal veränderliche Zerspankraft über die Werkzeugkontur [OZLU10; ALTI12]. EBRAHIMI entwickelte die Methodik mit dem Ziel weiter, die Ökonomie des Räumprozesses durch Ansätze zur Erhöhung des Werkzeugstandweges, zur Reduzierung der Werkzeuglänge und zur Verbesserung der Bauteilqualität positiv zu beeinflussen [EBRA17]. ÖZLÜ nutzte die lokale Zespankraftverteilung unter Berücksichtigung des Neigungswinkels zur Optimierung der Semischlicht- und Schlichträumwerkzeuge. Auf Basis von gesetzten Kraftlimits und der durchgeführten Simulationen konnte die Anzahl der benötigten Schneiden zur Fertigung des untersuchten Profils deutlich gesenkt werden [ÖZLÜ20].

SEIMANN nutzte einen mehrskaligen Ansatz zur Vorhersage von Schneidkantenausbrüchen beim Räumen mit Hartmetallwerkzeugen. Auf Basis experimenteller Versuche entwickelte er ein empirisches Zerspankraftmodell zur Bestimmung der lokalen mechanischen Werkzeugbelastung und nutzte dieses zur Vorhersage des Bruchverhaltens von Hartmetallwerkzeugen beim Räumen der Nickelbasislegierung Inconel 718 DA. Bei dem verwendeten Zerspankraftmodell handelte es sich um ein KIENZLE-Modell für Spanungsdicken von Schruppwerkzeugen sowie um ein lineares Regressionsmodell für Schlichträumwerkzeuge. Unterschieden wurde zwischen diesen Bereichen auf Basis der Annahmen von VIKTOR (s.o.). Aufgrund der beim Schlichten vorliegenden mehrflankigen Spanbildung und der dadurch höheren mechanischen Belastung im Bereich der Radien wurde auf den Umformgrad als Formänderungskenngröße zurückgegriffen und zusätzliche Spannungen auf das Werkzeug über die gemessene Spandickenstauchung ermittelt. Abbildung 2-6 rechts zeigt das Ergebnis der Berechnung des spezifischen Schnittkraftverlaufs k_c entlang der Werkzeugschneide. [SEIM18b]

PENG verwendete das Konzept der lokalen Eingriffsparameter zur Prädiktion von Werkzeugverschleiß beim Räumen mit Hartmetallwerkzeugen. Der Fokus der Arbeit lag auf der Schruppbearbeitung mit Tiefenstechwerkzeugen, bei welchen insbesondere im Bereich der Eckenradien lokal abweichende Zerspanbedingungen und damit einhergehend lokal vorlaufender Verschleiß festzustellen ist. Er stellte ein Material- und Reibmodell für die Zerspanung von Inconel 718 DA mit Hartmetallwerkzeugen auf und führte 2D-FEM-Spanbildungssimulationen zur Bestimmung der spezifischen Schnittkräfte und maximalen Temperaturen in der Zerspanzone durch [PENG19a]. Mittels einem künstlichen neuronalen Netz stellte er abschließend ein Modell zur Prädiktion der spezifischen Schnittkraftkomponenten, der Wärmeströme in das Werkzeug und des Verschleißfortschritts für das Räumen mit Hartmetallwerkzeugen auf. [PENG19b; PENG21]

Die dargestellten Ansätze zur Kraftmodellierung beim Räumen beziehen sich jedoch lediglich auf rein geometrische Zusammenhänge. Darüber hinaus können auch Prozess-Maschine-Interaktionen zu Veränderungen der Werkzeuggeometrie entlang der Räumlange führen. SCHULZE ET AL. untersuchten den Einfluss einer Änderung der Zustandsgrößen am Schneidkeil, der Spanungsdicke und des Spanwinkels, auf die Spanbildung und die Randzonenbeeinflussung beim Räumen von Stahlwerkstoffen. Die Änderungen der Zustandsgrößen wurden auf Einflüsse der Oberflächentopologie des Bauteils und der Prozess-Maschine-Interaktionen zurückgeführt und in 2D-Finite-Elemente-Spanbildungssimulationen abgebildet. Auf Basis der generierten Daten wurde anschließend ebenfalls ein analytisches Kraftmodell entwickelt. [SCHU12; SCHU12b; BOEV17]

In diesem Kapitel konnte gezeigt werden, dass in der Vergangenheit hoher Aufwand zur möglichst exakten Beschreibung der Zerspankraft geleistet wurde. In der Literatur finden sich viele empirische sowie numerische Modelle zur Quantifizierung der Schnitt- und Schnittnormalkraft. Zielgröße der Kraftmodellierung war insbesondere die Werkzeugoptimierung hinsichtlich einer Reduzierung der Werkzeuglänge bzw. der notwendigen Zähnezahl zur Steigerung der Produktivität und Wirtschaftlichkeit des Räumverfahrens [OZTU03; KÖKT04; KISH12; HOSS13a; ÖZLÜ20]. Des Weiteren wurden diese Ansätze für die Verschleißprognose bzw. die Vorhersage von Schneidkantenausbrüchen vom Räumen mit Hartmetallwerkzeugen genutzt. Eine Erweiterung des Modells der lokalen Schnittkraftbestimmung auf ein gesamtes Räumwerkzeug und Verwendung zur Analyse von Gestaltabweichungen wurden für das Räumen von Nickelbasislegierungen bislang nicht durchgeführt. Neben mechanischen Effekten, die zu elastischen Verformung während der Zerspanung führen, können auch thermische Effekte zu elastischen Dehnung und folglich zu Abweichungen der realen von der nominellen Spanungsdicke führen. Die Temperaturmodellierung ist folglich für die Analyse der Maßhaltigkeit ebenfalls von hoher Bedeutung. Im nachfolgenden Kapitel werden die Grundlagen der Temperaturmodellierung im Kontext der Zerspanung mit geometrisch bestimmter Schneide dargestellt. Anschließend werden bisherige Arbeiten zur Analyse der Wärmeströme und deren Effekte auf die Räumbearbeitung analysiert und diskutiert.

2.3 Analytische Temperaturmodellierung beim Räumen

Analytical Modelling of Temperatures in Broaching

Die für die Zerspanung notwendige mechanische Leistung bzw. Arbeit wird nahezu ausschließlich aufgrund von innerer und äußerer Reibung in den Wirkzonen der Zerspanung in Wärmeenergie umgewandelt. Daneben können unter Umständen auch Phasenumwandlungen, chemische Reaktionen, Diffusion und weitere physikalische Effekte auftreten. Die Wirkleistung P_e ergibt sich aus dem Produkt der Geschwindigkeitskomponenten Schnittgeschwindigkeit v_c bzw. der Vorschubgeschwindigkeit v_f und der resultierenden Schnittkraftkomponente in die jeweilige Richtung:

$$P_e = P_c + P_f = F_c \cdot v_c + F_f \cdot v_f \tag{2.10}$$

Da bei der Räumbearbeitung der Vorschub über die Zahnstaffelung und nicht über eine Vorschubbewegung realisiert wird, ist die Vorschubgeschwindigkeit v_f = 0 m/min. Daraus folgt der Zusammenhang:

$$P_e = F_c \cdot v_c \tag{2.11}$$

Die aufgewendete Wirkarbeit setzt sich aus der Verformungsarbeit (Scherarbeit und Trennarbeit) und der Reibarbeit (Spanflächen- und Freiflächenreibung) zusammen und wird nahezu vollständig in Wärmeenergie umgewandelt. Die resultierende Wärmemenge Q wird anschließend durch Wärmeleitung, Wärmestrahlung und Konvektion an den Span, das Werkzeug, das Werkstück, die Umgebung sowie den verwendeten Kühlschmierstoff (KSS) abgegeben. Im Werkzeug und Werkstück bilden sich Temperaturfelder aus, welche sich solange ändern, bis ein stationärer Zustand zwischen den zu- und abgeführten Wärmeströmen erreicht wird [DENK11; KLOC18]. Als Wärmestrom $\dot{Q}$ ist die je Zeiteinheit übertragene Wärmemenge Q definiert (SI-Einheit: Watt) [VDI19]. Die Aufteilung des Wärmestroms ist abhängig von den Prozessparametern, den verwendeten Werkstoffen, dem Verschleißzustand des Werkzeuges sowie der KSS-Zusammensetzung.

Für einen kontinuierlichen Zerspanprozess kann daraus abgeleitet werden, dass folgender Zusammenhang gilt:

$$P = F_c \cdot v_c = \dot{Q}_{Werkzeug} + \dot{Q}_{Werkstück} + \dot{Q}_{Span} + \dot{Q}_{KSS} + \dot{Q}_{Umgebung} \tag{2.12}$$

Zur Analyse der thermischen Belastung des Werkstücks sind insbesondere die Wärmeströme relevant, welche in der primären Scherzone sowie im Bereich der Schneidkantenverrundung und der Freifläche entstehen und in das Werkstück fließen. Die auf der Spanfläche entstehenden Wärmeströme in der sekundären Scherzone werden dagegen größtenteils über den Span sowie über den Wärmestrom in das Werkzeug abgeführt.

Allgemein kann der Wärmetransport mittels Wärmeleitung, Wärmestrahlung sowie Konvektion stattfinden. Die für den Wärmestrom in das Werkstück relevante Transportart der Wärmeleitung beschreibt dabei den Energietransport zwischen benachbarten Molekülen in einem Material, in welchem ein Temperaturgradient vorliegt. Nach dem Gesetz nach FOURIER ergibt sich die lokale Wärmestromdichte $\dot{q}$, der Wärmestrom pro Flächeninhalt, aus der Wärmeleitfähigkeit des Werkstoffs λ und dem Temperaturgradienten zu [VDI19]:

$$\dot{q} = -\lambda \frac{\partial T}{\partial x} \tag{2.13}$$

und für isotrope Werkstoffe zu:

$$\vec{\dot{q}} = -\lambda \, grad \, T \tag{2.14}$$

Die große Herausforderung bei der Analyse der Wärmeströme in der Zerspanung besteht folglich in der exakten Quantifizierung der lokalen Temperaturgradienten. Sämtliche verfügbare Messverfahren zur experimentellen Bestimmung der lokalen Temperaturverteilung weisen Einschränkungen hinsichtlich der Präzision und der ortsgenauen Auflösung auf. Um dennoch die Wärmeströme analysieren zu können, wurden in der Vergangenheit zahlreiche Modelle entwickelt, welche mittels empirischen, analytischen oder numerischen Ansätzen die Wärmeströme sowie die Wärmestromaufteilung in der Zerspanzone modellieren.

Analytische Modellierungsmethoden für die Zerspanung

Im folgenden Kapitel werden analytische Modellierungsmethoden dargestellt, die sich im Forschungsbereich der Zerspanung etabliert haben. Pionierarbeiten zur analytischen Modellierung der Temperaturen und der Wärmeströme in der Zerspanung haben ihren Anfang in den späten 1930er und Mitte der 1940er Jahren. BLOK [BLOK38] und JAEGER [JAEG42] beschäftigten sich in ihren Arbeiten mit der fundierten mathematischen Lösung einer bewegten Wärmequelle, jedoch ohne Bezug auf eine Anwendung. HAHN [HAHN51], TRIGGER UND CHAO [TRIG51] und LOEWEN UND SHAW [LOEW54] übertrugen im Anschluss als Erste die sogenannten JAEGER-Lösung auf den orthogonalen Schnitt zur Analyse der Temperaturen im Zerspanprozess.

Die JAEGER-Lösung ist eine analytische Gleichung zur Berechnung einer absoluten Temperatur in einem homogenen Medium. Die mathematische Grundlage basiert auf einer punktförmigen Wärmequelle, an welcher zum Zeitpunkt t' = 0 und Position x', y', z' eine endliche Wärmemenge Q an einem unendlich großen Körper freigesetzt wird. Die Grundidee ist in Abbildung 2-7 auf der linken Seite dargestellt. Die allgemeine, partielle Differentialgleichung der Wärmeleitung lautet:

$$\frac{\partial T}{\partial x^2}+\frac{\partial T}{\partial y^2}+\frac{\partial T}{\partial z^2}=\frac{1}{\alpha}\cdot\frac{\partial T}{\partial t} \quad (2.15)$$

Für eine Punktwärmequelle ergibt sich die Lösung der Differentialgleichung zu:

$$T(x,y,z,t)=\frac{Q\cdot\alpha}{8\lambda(\pi\alpha t)^{\frac{3}{2}}}exp\left(-\frac{\{(x-x')^2+(y-y')^2+(z-z')^2\}}{4\alpha t}\right) \quad (2.16)$$

Dabei ist T die Temperatur zum Zeitpunkt t an einem Punkt x, y, z bei gegebener Temperaturleitfähigkeit α sowie Wärmeleitfähigkeit λ des Werkstoffes [JAEG42].

Ausgehend von dieser Punktwärmequelle leitete JAEGER mittels Integration in y-Koordinatenrichtung von $-\infty$ nach $+\infty$ eine Linienwärmequelle in einem halbunendlichen Medium parallel zur y-Achse her. Durch eine weitere Integration über die Länge der Wärmequelle $\dot{q}'$ in Vorschubrichtung von - l bis $+l$ entsteht eine Bandwärmequelle der Länge $2l$ parallel zur Oberfläche, die sogenannte JAEGER-Lösung (2.17). Die schematische Darstellung kann Abbildung 2-7 entnommen werden.

$$T_M=\frac{\dot{q}''}{\pi\cdot\lambda}\cdot\int_{-l_i}^{+l_i}e^{-\frac{v\cdot(X-x)}{2a}}\cdot K_0\cdot\left\{\frac{v}{2\cdot a}\cdot\sqrt{(X-x)^2+Z^2}\right\}dx \quad (2.17)$$

Dabei ist T_M die Temperatur am Punkt $M(X,Z)$, K_0 die BESSEL-Funktion zweiter Gattung, v die Geschwindigkeit der bewegten Bandwärmequelle, x die Koordinate in Richtung der bewegten Bandwärmequelle (z.B. parallel zur Werkstückoberfläche) und $\dot{q}''$ der freigesetzte Wärmestrom pro Flächeninhalt bzw. Wärmestromdichte.

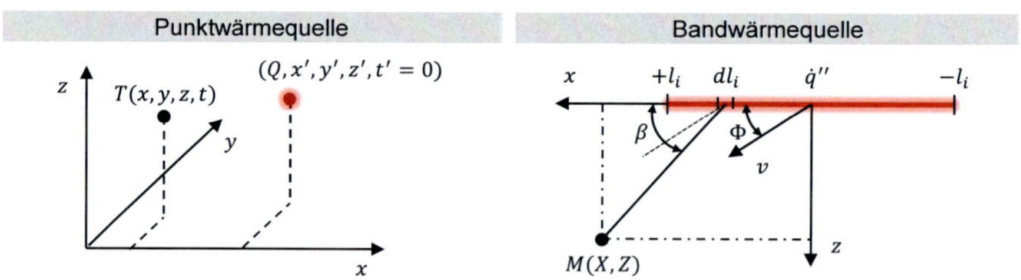

Abbildung 2-7: Punkt- und Bandwärmequelle in Anlehnung an [BROC15; AUGS18]

Point and Band Heat Source [BROC15; AUGS18]

Übertragen auf die Zerspanung ist v die Schnittgeschwindigkeit v_c, x die Schnittrichtung und die Länge der Bandwärmequelle $2l$ entspricht der Kontaktlänge zwischen

Werkstück und Werkzeug. Die Modellgültigkeit der JAEGER-Lösung ist auf eine idealisierte zweidimensionale Zerspanung beschränkt mit einer weiteren Vereinfachung hinsichtlich einer ideal-scharfen Schneide (kein Schneidkantenradius).

Abbildung 2-8 links zeigt die drei realen Wärmequellen im Zerspanvorgang, die Wärmequelle in der primären Scherzone $\dot{q}''_{Scher}$, die Wärmequelle aufgrund der Reibung zwischen dem abfließendem Span und dem Werkzeug $\dot{q}''_{Reib.,Span}$ sowie die Wärmequelle als Resultat der Reibung zwischen dem Werkstück und der Freifläche des Werkzeugs $\dot{q}''_{Reib.,WKZ}$. Jede der drei Wärmequellen kann als eigenständige Bandwärmequelle nach JAEGER beschrieben und modelliert werden [GIER15; AUGS18]. Die analytische JAEGER-Lösung ermöglicht folglich die Berechnung der Temperaturverteilung im Werkstück, Werkzeug sowie dem Span relativ zur sich mit der Geschwindigkeit v in x-Richtung bewegenden Wärmequelle. Bis auf die Wärmestromdichte $\dot{q}''$ sind alle Variablen der Gleichung verfügbar, weshalb der Fokus der wissenschaftlichen Arbeiten stets auf der möglichst exakten Bestimmung dieser Größe lag bzw. weiterhin liegt.

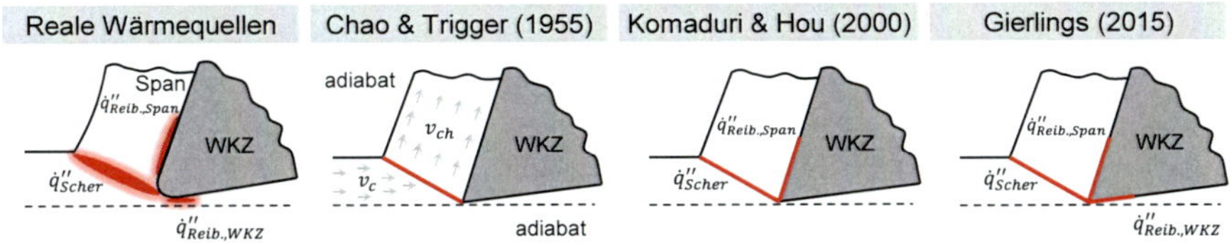

Abbildung 2-8: Wärmequellen und Modellierungsansätze basierend auf der JAEGER-Lösung

Heat Sources and Modeling Approaches based on the JAEGER Solution

TRIGGER UND CHAO nutzten als eine der Ersten die JAEGER-Lösung zur Ermittlung des mittleren Temperaturanstiegs zwischen der Spanfläche des Werkzeugs und der Spanrückseite (sekundären Scherzone). Dazu berechneten sie den Einfluss der Wärmequelle in der primären Scherzone auf die mittlere Temperatur im Span unter der Annahme, dass ein konstanter Wärmestromanteil von B_{WS} = 10 % in das Werkstück geleitet wird. Zur Validierung der ermittelten Temperaturen in der Kontaktfläche zwischen Werkzeug und Span nutzten sie ein Thermoelement und fanden eine gute Übereinstimmung der Ergebnisse [TRIG51].

Zur gleichen Zeit verwendete HAHN das Modell für die primäre Scherzone. Er modellierte diese als schräge bewegte Bandwärmequelle in einem unendlichen Medium. Der große Unterschied zu TRIGGER UND CHAO lag in der Annahme, dass die Scherzone als ein einziger fester Körper anstelle zwei separater Körpern in Gleitkontakt angesehen werden kann. Durch diese neue Vorgehensweise war es nicht notwendig, die unsicherheitsbehafteten Wärmestromanteile zu schätzen, vielmehr waren die Wärmestromanteile in den Span und das Werkstück ein Ergebnis des analytischen Modells für den stationären Fall.

CHAO UND TRIGGER bauten auf HAHN's Ansatz auf und erweiterten diesen um adiabate Umgebungsbedingungen, vgl. Abbildung 2-8 [CHAO55]. Sie identifizierten den Term

$u = v(X - x)/2\alpha$ aus der JAEGER-Lösung (Gleichung 2.17) als Verhältnis aus Schnittgeschwindigkeit v_c, Spanungsdicke h und Temperaturleitfähigkeit α. Dieses Verhältnis, auch als PÉCLET-Zahl bezeichnet, weist sowohl einen diffusionsabhängigen Anteil in Form der Temperaturleitfähigkeit auf sowie einen konvektiven Wärmestromanteil durch den ablaufenden Spanmassenstrom. Die PÉCLET-Zahl ist demnach eine dimensionslose Variable und kann wie folgt berechnet werden:

$$N_{Pe} = \frac{v_c \cdot h}{\alpha} \tag{2.18}$$

Auch BOOTHROYD schlug die PÉCLET-Zahl für die thermische Analyse von Zerspanprozessen vor, mit dem Vorteil, die Bestimmung der Wärmestromanteile in Werkstück, Werkzeug und Span unabhängig vom betrachteten Anwendungsfall ermitteln zu können [BOOT63]. Die PÉCLET-Zahl kann als kritischer Schwellwert gedeutet werden, zu welchem der konvektive Anteil der Wärmeabfuhr durch den Spanabtransport den diffusionsabhängigen Anteil des Wärmestroms in das Werkstück übersteigt. In der Vergangenheit wurden vielfältige Forschungsarbeiten durchgeführt, welche die Korrelation zwischen den Wärmestromanteilen und der PÉCLET-Zahl fokussierten. So zeigte MÜLLER, dass die PÉCLET-Zahl eine valide Kennzahl für die Wärmestromaufteilung ist, in dem er empirische Untersuchungen an unterschiedlichen Werkstoffgruppen durchführte. Dabei wurde sowohl die Schnittgeschwindigkeit sowie die Werkstoffklasse variiert, indem die Werkstoffe Ck45N, AlZnMgCu1.5 und TiAl6V4 einbezogen wurden. SÖLTER ET AL. untersuchten unterschiedliche Zerspanprozesse, konkret das Drehen, Fräsen und Bohren an unterschiedlichen Stahl- und Aluminiumlegierungen und koppelten diese Untersuchungen mit numerischen FEM-Simulationen. Letztlich kamen sämtliche Arbeiten zu dem Ergebnis, dass mit fallender PÉCLET-Zahl der Wärmestromanteil ins Werkstück zunimmt [BOOT63; MÜLL04; SÖLT12; SÖLT18].

Die Weiterentwicklung des Modells nach CHAO UND TRIGGER aus 1955 stellen die Arbeiten von KOMADURI UND HOU aus dem Jahr 2000 dar (vgl. Abbildung 2-8). Die vorherigen Arbeiten und Weiterentwicklungen waren durch die fehlende Rechenleistung stark limitiert und beschränkte die wissenschaftliche Arbeit bei der Temperaturanalyse auf einzelne charakteristische Punkte im Werkzeug, Werkstück und Span bzw. auf einzelne Wärmequellen. Diese Lücke schlossen KOMADURI UND HOU, indem sie die JAEGER-Lösung unter der Annahme von HAHN für den Zerspanprozess ansetzten und mithilfe von hoher verfügbarer Rechenleistung die mathematischen Probleme lösten. Aufgrund der Rechenleistung war es nun möglich, sowohl die Wärmequelle der primären Scherzone $\dot{q}''_{Scher}$ als auch die Reibwärmequelle zwischen Werkzeug und Span $\dot{q}''_{Reib,Span}$ als analytisches Modell mittels der JAEGER-Gleichung abzubilden und die resultierende Temperaturverteilungen im Werkzeug, Werkstück und Span zu berechnen. Das Modell von KOMADURI UND HOU ist gültig für einen orthogonalen, zweidimensionalen Zerspanprozess und bedarf keiner Annahmen hinsichtlich der Größe der einzelnen Wärmestromanteile [KOMA00; KOMA01].

Ausgehend von der Arbeit von KOMADURI UND HOU bezogen nachfolgende Arbeiten die beiden genannten Wärmequellen ein. Diese idealisierte Betrachtungsweise mit idealscharfer Schneide bezog jedoch nicht den kontinuierlichen Werkzeugverschleiß mit ein. Dieser resultiert in einer zusätzlichen Wärmequelle an der Freifläche aufgrund der Reibung zwischen Werkzeug und zerspanter Oberfläche (vgl. Abbildung 2-8 links). Forschungsarbeiten unter Einbezug der dritten Wärmequelle wurden von HUANG UND LIANG [HUAN03] sowie KARPAT UND ÖZEL [KARP06] durchgeführt.

GIERLINGS verwendete das Temperaturmodell nach KOMADURI UND HOU und bezog es erstmalig auf das Räumen von Inconel 718 [KLOC12]. Ziel der Arbeit war die Kopplung der Zerspantemperatur mit der resultierenden Oberflächenintegrität. Er erweiterte das Modell um eine zusätzliche freiflächenseitige Wärmequelle zwischen Werkstück und Werkzeug $\dot{q}''_{Reib.,WKZ}$, um unterschiedliche Verschleißzustände des Werkzeugs abbilden zu können. Die Wärmeströme wurden dabei empirisch mittels Thermographieaufnahmen ermittelt und anschließend zur inversen Kalibrierung des modifizierten Temperaturmodells nach KOMADURI UND HOU verwendet. GIERLINGS zeigte empirisch mittels Pyrometermessungen, dass die gemessene Zerspantemperatur entlang der Werkzeugbreite konstant ist und somit das Räumen als zweidimensionaler Fall betrachtet werden kann. Des Weiteren konnte gezeigt werden, dass sich unter industrierelevanten Prozessparametern (v_c = 5 m/min, l_c = 30 – 40 mm) ein stationäres Temperaturfeld analog zum kontinuierlichen Prozess ausbildet. Aufgrund dieser beiden Erkenntnisse konnte gezeigt werden, dass das Modell nach KOMADURI UND HOU für die Räumbearbeitung gültig ist. Letztendlich nutzte GIERLINGS das Modell zur Prozessüberwachung der Bauteilrandzone [GIER15]. Für die Überwachungslösung konzentrierte er sich auf die Temperaturverteilung im Werkzeug. Eine detaillierte Analyse der Wärmeströme ins Werkstück wurde nicht durchgeführt.

PENG verwendete einen datenbasierten Ansatz zur Modellierung der thermo-mechanischen Lasten beim Räumen mit Hartmetallwerkzeugen [PENG21], vgl. Kapitel 2.2. Bezogen auf die Temperaturmodellierung nutzte er empirische Daten aus Thermographieaufnahmen aus dem Orthogonalschnitt sowie Ergebnisse aus 2D-FEM-Spanbildungssimulationen zum Trainieren eines künstlichen neuronalen Netzes (KNN). Für die empirische Wärmestrommodellierung nutzte er einen inversen Ansatz, welcher zuvor bereits von AUGSPURGER für das Fräsen implementiert wurde. In Bezug zur Zerspanung ist der Wärmestrom als der auf die Schnittleistung bezogene Wärmestrom $\dot{Q}$ respektive die auf die Schnittarbeit $W_c = F_c \cdot l_c$ bezogene Wärmemenge Q definiert. Der Wärmestromanteil in das Werkstück B_{ws} ergibt sich folglich zu [AUGS19]:

$$B_{ws} = \frac{\dot{Q}_{ws}}{F_c \cdot v_c} = \frac{Q_{ws}}{F_c \cdot l_c} \tag{2.13}$$

Den für die Lösung der JAEGER-Gleichung (vgl. Gleichung 2.17) notwendige flächenbezogene Wärmestromanteil $\dot{q}''$ bezog PENG dabei auf die Kontaktfläche aus Werkzeugbreite b und Verschleißmarkenbreite VB. Als Initialverschleiß setzte er einen Wert von VB = 30 µm an.

$$\dot{q}'' = \frac{\dot{Q}_{WS}}{b \cdot VB} \tag{2.14}$$

Anschließend wird der Wärmestromanteil in das Werkstück B_{WS} iterativ variiert, bis die empirisch gemessene Temperatur an einem Punkt $M(X,Y)$ jener mittels JAEGER-Lösung ermittelten Temperatur entsprach. Die auf den vorliegenden Anwendungsfall angepasste JAEGER-Lösung ergibt sich mit den genannten Intervallgrenzen der Kontaktfläche wie folgt:

$$T_M = \frac{\dot{q}''_{WS}}{\pi \cdot \lambda} \cdot \int_0^{VB} e^{-\frac{v_c \cdot (X-x)}{2 \cdot a}} \cdot K_0 \left\{ \frac{v_c}{2 \cdot a} \cdot \sqrt{(X-x)^2 + Z^2} \right\} dx \tag{2.15}$$

PENG nutzte die modellierten Temperaturfelder anschließend zur Prädiktion des Freiflächenverschleißes beim Räumen von Nickelbasislegierungen mit Hartmetallschruppwerkzeugen. Aus den Thermographieaufnahmen und den Spanbildungssimulationen leitete er dafür ein Regressionsmodell für die absolute Temperatur auf der Freifläche ab, welche von den Prozessparametern Spanungsdicke, Spanwinkel, Freiwinkel, Schnittgeschwindigkeit, Schneidkantenradius sowie der Verschleißmarkenbreite abhängig war [PENG21].

2.4 Prozessbedingte Gestaltabweichungen beim Räumen

In Kapitel 1 wurde die Arbeit durch die großen Potenziale zur CO_2-Einsparung und zur Senkung der Schadstoffemissionen bei zukünftigen Triebwerksgenerationen und der daraus resultierenden Anforderungen an den Räumprozess motiviert. Zur Steigerung der Ökologie bestehen unter anderem die Möglichkeiten der Steigerung des Nebenstromverhältnisses und die Erhöhung des Gesamtdruckverhältnisses der Turbine. Eine Erhöhung der Beschaufelungsdichte oder eine Reduzierung des Kerndurchmessers des Triebwerks resultiert in einem höheren Aspektverhältnis zwischen Profiltiefe T und Stegbreite B. Der Widerstand der filigraner werdenden Strukturen gegen elastische Verformungen sinkt. Aufgrund der hohen Belastungen der Steckverbindungen im Betrieb durch Wärmespannungen, Fliehkräfte und dynamische Kräfte und der enormen Sicherheitsrelevanz müssen auch zukünftig enge Toleranzgrenzen bei der Fertigung eingehalten werden. Da das Räumverfahren aufgrund der hohen Zerspankräfte hinsichtlich der realisierbaren Maßhaltigkeit herausfordernder wird, werden auch alternative Fertigungsverfahren wie das Drahtfunkenerodieren (WEDM) und die elektrochemische Metallbearbeitung (ECM) hinsichtlich der Eignung für diese Anwendung untersucht [WILK08; KLOC13b; WELL15; HEID21]. Das Räumen zeichnet sich im Vergleich zu diesen Verfahren jedoch durch das große vorhandene Erfahrungswissen in der Industrie und die hohe Produktivität und Wirtschaftlichkeit aus. Für die Zukunftsfähigkeit des Räumverfahrens für die Herstellung von Profilnuten ist daher die Gewährleistung der geforderten Maßhaltigkeit von großer Bedeutung. Das folgende Kapitel fokussiert die bisherigen Forschungsarbeiten zur Analyse und Kompensation der durch den Räumprozess hervorgerufenen Geometrieabweichungen.

Gestaltabweichungen aufgrund von Werkzeug- und Werkstückdeformationen treten während des Zerspanprozesses aufgrund verschiedener Phänomene auf. Zur Beschreibung der Maßhaltigkeit und der Oberflächenbeschaffenheit sind in DIN 4760 sechs Dimensionen von Gestaltabweichungen definiert. Übergeordnet kann dabei zwischen makrogeometrischen und mikrogeometrischen Abweichungen unterschieden werden. Die Form- und Maßabweichungen einer gefertigten Geometrie sind innerhalb der makrogeometrischen Gestaltabweichungen 1. und 2. Ordnung klassifiziert. Die Gestaltabweichungen 1. Ordnung beziehen sich dabei auf Formabweichungen im Sinne von Geradheits-, Ebenheits- und Rundheitsabweichungen, die der 2. Ordnung auf die Welligkeit der Oberfläche. Die mikrogeometrischen Gestaltabweichungen 3. bis 6. Ordnung reichen von Rauheiten auf dem Werkstück (3. und 4. Ordnung) über Änderungen in der Gefügestruktur in der oberflächennahen Randzone (5. Ordnung) bis zu Fehlern im Gitterbau des Werkstoffs (6. Ordnung) [DIN4760]. Zur grundlegenden Erforschung der Beherrschung von Form- und Maßabweichungen eines Bauteils in der Fertigung wurde im Jahr 2009 der Sonderforschungsbereich SFB 570 bei der Deutschen Forschungsgesellschaft (DFG) eingerichtet. Unter anderem beschäftigten sich BRINKSMEIER ET AL. mit der Vorhersage der durch den Zerspanprozess hervorgerufenen Formabweichungen. Er nannte fünf Hauptgründe für auftretende, zerspanungsinduzierte Formabweichungen [BRIN09]:

1) Variierender Materialabtrag aufgrund statischer und dynamischer Prozesskräfte und externer Kräfte
2) Thermische Dehnung aufgrund der Prozesswärme, welche zu einem veränderten Materialabtrag führt
3) Phasentransformation durch hohe Prozesstemperaturen
4) Plastisch verformte Oberflächenschicht, die als Quelle von plastischen Verformungen entlang des Durchmessers geht
5) Materialabtrag, der den Eigenspannungszustand verändert, in dem unterschiedlichen Zustände abgetragen werden

Vor dem Hintergrund des vorliegenden Anwendungsfalls wird der Fokus der vorliegenden Arbeit auf die beiden erstgenannten Gründe für Formabweichungen gelegt.

Im Gegensatz zum Räumen wurden bei anderen Fertigungsverfahren wie beispielsweise dem Fräsen bereits vielfältige Forschungsarbeiten zur Analyse und Bewertung von Geometrieabweichungen durch den Fertigungsprozess durchgeführt. BOUZAKIS analysierte die Werkzeugabdrängung und Nachgiebigkeit im Fräsprozess unter der Annahme eines Balkenmodells unter statischer Last [BOUZ03]. SURMANN beschäftigte sich mit dem dynamischen Verhalten des Werkzeugs beim Fräsen und analysierte dieses mithilfe von Einmassenschwingern [SURM06]. Zur exakten Beschreibung der im Fräsprozess vorliegenden Werkzeugbelastung nutzte ODENDAHL einen Multiskalenansatz und ermittelte mittels Dexel-basierter Darstellung des Werkstücks und einem

Volumenmodell des Werkzeugs die Eingriffsbedingungen des Werkzeugs. Zudem bezog er die Strukturmechanik der Werkzeugmaschine in seine Analysen der erzielbaren Maßhaltigkeit mit ein [ODEN16]. MÜCKE analysierte die Gestaltabweichungen beim Kugelkopffräsen von rekonturierten Bauteilen. Er kam zu dem Schluss, dass für Formabweichungen 1. und 2. Ordnung die beiden Einflussfaktoren der elastischen Spanungsdickenrückfederung sowie der prozesskraftbedingten Abdrängungen von Werkzeug und Werkstück wesentlich seien. Er zeigte dabei mittels Prozesssimulation, dass nicht die maximale Abdrängung über den Zahneingriff, sondern die Abdrängung während der Erzeugung der Oberfläche entscheidend sei. Für das Kugelkopffräsen von Titan ermittelte er elastische Spanungsdickenrückfederungen in Abhängigkeit von der Werkzeugschartigkeit von bis zu 9 µm. Gestaltabweichungen 3. und 4. Ordnung (Rauheit in Form von Rillen/Riefen) seien nach MÜCKE dagegen auf die Prozesskinematik, die Werkzeugschartigkeit sowie Schwingungen zwischen Werkzeug und Werkstück zurückzuführen [MÜCK20].

Im Unterschied zum Räumen können im Anschluss an eine Herstellung eines Fräs-Dreh-Bauteils die Maßabweichungen über Korrekturwerte im CAM-Programm kompensiert werden. Diese iterative Prozessauslegung ist beim Räumen aufgrund der fixen Werkzeuggeometrie und der eingeschränkten Prozesskinematik nicht möglich. Eine Prädiktion der erzielbaren Maßhaltigkeit bei sicherheitskritischen und kostenintensiven Bauteilen ist daher umso wichtiger. Die Methoden und Vorgehensweisen der Arbeiten zum Fräsen, insbesondere das Vorgehen zur Analyse der elastischen Spanungsdickenrückfederung kann jedoch auf den Räumprozess übertragen werden.

Analyse der Geometrieabweichungen beim Räumen

Die Analyse von Gestaltabweichungen war auch Forschungsschwerpunkt beim Innen- und Außenräumen unterschiedlicher Werkstoffe. Zum einen beschäftigte sich die Forschung mit den Einflüssen der Prozesscharakteristik des unterbrochenen Schnitts und der mehrfachen Zahnein- und -austritte auf die Oberflächenqualität und Randzoneneigenschaften des geräumten Bauteils. AXINTE untersuchte Oberflächendefekte in Form von Rattermarken, welche aus der wechselnden Anzahl an Schneiden im Eingriff und der damit verbundenen dynamischen Ein- und Austritte resultieren [AXIN07]. Auf Basis vielfältiger Sensordaten (Dynamometer, Beschleunigungs- und Körperschallsensorik) wurden die Vibrationen zwischen Werkstück und Werkzeug im Zeit- und Frequenzbereich analysiert. Fokus dieser Arbeiten lag auf der Analyse von Oberflächenanomalien 3. und 4. Ordnung, folglich mikrogeometrischen Gestaltabweichungen. Die Rattermarken auf der Werkstückoberfläche führte er auf gedämpfte gekoppelte Schwingungen im Werkzeug-Werkstück-System zurück. Als Handlungsmaßnahme wurde eine Begrenzung des Freiflächenverschleißes der Kalibrierzähne (h = 0 mm) auf VB = 200 µm vorgeschlagen, welche mittels einer kontinuierlichen Messung der Zerspankraft überwacht werden kann.

Makrogeometrische Gestaltabweichungen beim Räumen wurden zuvor erstmalig von KLINGER im Jahr 1993 analysiert. Er beschäftigte sich mit der Analyse der Form- und Maßgenauigkeit beim Innenräumen von gehärtetem Stahl und führte dafür empirische

Zerspanversuche sowie erstmalig FEM-Simulationen durch. Aus seinen Analysen folgerte er, dass im Fall einer stabilen Werkstückaufspannung die Grundlage für eine hohe Fertigungsqualität in der Genauigkeit der geschliffenen Werkzeuggeometrie liegt. Bei abnehmenden Wandstärken wird die erzielbare Formgenauigkeit jedoch in hohem Maße von der elastischen Werkstückverformung infolge der Prozesskräfte im Bereich des Zahnein- und -austritts beeinflusst. Als Kompensationsmöglichkeiten wurde unter anderem eine Verbesserung der Spannvorrichtung vorgeschlagen. Des Weiteren konnte gezeigt werden, dass der Einfluss des stoßartigen Zahneintritts auf die elastische Werkstückverformung durch mehrere hintereinanderliegende Schneiden reduziert werden konnte [KLIN93].

Aus dem Räumprozess resultierende Form- und Maßabweichungen am gefertigten Bauteil wurden auch in der Dissertation von BOEV adressiert [BOEV17]. Er untersuchte die durch Wechselwirkungen zwischen dem Zerspanprozess und der Werkzeugmaschine hervorgerufenen Geometrieabweichungen am Beispiel des Innenräumens von Verzahnungen und bewertete die Wechselwirkungen in Form der Oberflächenwelligkeit (Gestaltabweichungen 2. Ordnung). Die Untersuchungen führte er mit dem Werkstoff C45 im normalisierten Zustand durch. Er entwickelte ein Simulationsmodell, welches die Effekte der Prozess-Maschine-Interaktion nachbildete. Dazu wurde ein Prozessmodell zur Abbildung der Prozesskräfte mit einem Maschinenmodell gekoppelt. Das Kraftmodell wurde um die Änderungsraten der Prozessgrößen Spanungsdicke, Schnittgeschwindigkeit und effektiver Spanwinkel erweitert, die sich durch die Schwingungen im Prozess ergeben. Es konnte sowohl in der Simulation als auch im Experiment gezeigt werden, dass ab Schnittgeschwindigkeiten von v_c = 90 m/min Instabilitäten auftreten, welche in Welligkeiten auf der Oberfläche resultieren. [BOEV17; SCHU13]

Formabweichungen aufgrund statischer Prozesskräfte beim Räumen wurden von LANG und BEJNOUD analysiert [LANG05; BEJN15; BEJN17]. In diesen Arbeiten wurden Untersuchungen zum Innenräumen von PKW-Schiebemuffen aus 16MnCrS5 durchgeführt. LANG zeigte, dass für das Werkstück eine Stabilitätsgrenze existiert, ab welcher die vom Werkzeug eingebrachten radialen Schnittnormalkräfte nicht mehr kompensiert werden könnten und das Werkstück elastisch aufweitet. Die Untersuchungen zeigten über den Schnittweg variierende Werkstückdurchmesser, welche auf die radiale elastische Rückfederung im Anschluss an den Räumhub in den Ursprungszustand zurückgeführt wurden. Diese tonnenförmige Ausprägung des Profils entlang der Schnittrichtung wird auch als Kanteneinzug bezeichnet und wurde bereits von KLINGER nachgewiesen [KLIN93]. Diese für das Räumen typische Charakteristik wurde auf Wechselwirkungen zwischen Spanbildungseffekten und der elastischen Aufweitung des Werkstücks zurückgeführt. Die größere Werkstückaufweitung im Zeitpunkt des Werkzeugein- und -austritts kann durch den geometriebedingten geringeren Werkstoffwiderstand gegen radiale Verformung erklärt werden. Es wird folglich weniger Werkstoff zerspant als in der Mitte des Schnitts, was in der tonnenförmigen Ausprägung resultiert [BEJN17]. LANG stellte fest, dass aus einer größeren Werkzeugteilung (t = 14 mm im Vergleich zu t = 10 mm) ein kleinerer Profilformfehler resultiert. Dies wurde auf die absolute Anzahl der sich im Eingriff befindlichen Schneiden zurückgeführt. Es wurde darüber hinaus gezeigt, dass eine absolute Verringerung der Wandstärke des Bauteils zu einer Reduzierung der tonnenförmigen Profilabweichung führte. Das Werkstück weitete sich aufgrund des sehr geringen radialen Widerstand gleichmäßig über die Räumlänge auf. Die absolute Werkstückabdrängung müsste folglich im Werkzeugprofil vorgehalten werden [LANG05]. Eine systematische Analyse zur Bewertung der Einflüsse hinsichtlich der Prozessparameter und der Werkstückgeometrie auf die Form- und Maßgenauigkeit bei der Räumbearbeitung wurde bisher nicht durchgeführt.

Neben den mechanischen Effekten treten auch thermische Effekte wie Wärmedehnungen, Werkstückdeformationen aufgrund von Wärmespannungen sowie Veränderungen des Eigenspannungszustands in der Zerspanung auf. Mit der „Modellierung, Simulation und Kompensation von thermischen Bearbeitungseinflüssen für komplexe Zerspanprozesse“ beschäftigte sich seit dem Jahr 2010 das Schwerpunktprogramm 1480 der DFG. Der Fokus lag auf der Modellierung der Werkstückerwärmung unter Berücksichtigung der Werkstückgeometrie und der Eingriffsbedingungen bei Fräs-, Dreh und Bohrprozessen. Dafür wurden numerische Modelle aufgebaut, welche die komplexen Eingriffsbedingungen berücksichtigten und mit empirisch ermittelten Wärmestrommodellen gekoppelt. PULS analysierte die thermoelastische Werkstückdeformation beim trockenen Außenlängsdrehen. Basierend auf einer einfachen Wendeschneidplattengeometrie ermittelte er die Eingriffsbedingungen und anschließend den Wärmestrom ins Werkstück basierend auf FEM-Simulationen. Aus den Prozessvariablen Spanungsdicke, Spanwinkel, Schneidkantenradius, Schnittgeschwindigkeit und Verschleißmarkenbreite leitete er ein Regressionsmodell für den Wärmestrom ab. Dieser wurde anschließend für eine makroskopische FEM-Simulation der Werkstückausdehnung im kontinuierlichen Drehprozess genutzt [PULS15].

Bislang analysierte lediglich LANG in Auszügen den Einfluss der eingebrachten Wärmemenge auf die thermische Ausdehnung und die dadurch resultierenden Maßabweichungen beim Räumen einer Stahllegierung. Dazu maß er nach einer definierten Anzahl an Räumhüben die Oberflächentemperatur des Bauteils und ermittelte unter der Annahme einer idealen zylindrischen Form die radiale Wärmeausdehnung in Ein- und Austritt. Er bezog zudem die Wandstärke des Werkstücks in die Analysen mit ein. Im Bezug zum Wärmeeintrag schloss er, dass bei linear kleiner werdender Wandstärke die Werkstücktemperatur überproportionalen ansteigt. Es ist jedoch zu beachten, dass der untersuchte Schnittgeschwindigkeitsbereich bei v_c > 50 m/min lag. Zum einen resultiert daraus eine gänzlich unterschiedliche Wärmestromaufteilung (vgl. PÉCLET-Zahl, Kapitel 2.3), zum anderen unterscheidet sich die Wärmeleitfähigkeit zwischen einem niedriglegierten Stahl (λ_{Stahl} = 45 – 55 W/m·K) und einer Nickelbasislegierung ($\lambda_{Inconel}$ = 10 W/m·K) grundlegend, weshalb die Arbeiten nicht auf den vorliegenden Anwendungsfall übertragen werden können. [LANG05; VDM20]

2.5 Zwischenfazit und Ableitung des Forschungsbedarfs

Interim Conclusion and Research Demands

In Kapitel 2.1 wurden zunächst die Grundlagen des Räumprozesses dargestellt. Insbesondere die am Markt etablierte Vorgehensweise zur Auslegung eines Räumwerkzeugsatzes zur Herstellung von Profilnuten in Turbinenscheiben wurde hervorgehoben. Es wurde herausgestellt, dass der Fokus bisheriger Forschungsarbeiten vielfach auf der Erhöhung der Produktivität durch beispielsweise den Einsatz alternativer Schneidstoffe oder durch eine mathematische Optimierung der Werkzeugparameter in Richtung einer möglichst kurzen Werkzeuglänge lag. Das Bewertungskriterium der erzielbaren Maßhaltigkeit des gefertigten Profils war bislang jedoch kein Kriterium der Werkzeugauslegung. Voraussetzung für die Zukunftsfähigkeit des Räumens für die Anwendung bei der Profilnutherstellung ist eine prozesssichere Gewährleistung der geforderten Maßhaltigkeit auch für zukünftige Triebwerksgenerationen. Es besteht daher die Notwendigkeit, die Ursachen für Geometrieabweichungen zu identifizieren und eine Methodik zur Prädiktion dieser abzuleiten. Es wurde gezeigt, dass sowohl mechanische als auch thermische Effekte die Ursache für Form- und Maßabweichungen sein können. Die genaue Kenntnis über die lokal vorliegende mechanische und thermische Belastung des Werkstücks bildet daher die Grundlage der Analyse. In Kapitel 2.2 und 2.3 wurden folglich die Grundlagen zur Modellierung der mechanischen und thermischen Lasten dargelegt. Insbesondere die Analyse der wirkenden Zerspankraft war vielfach Fokus der Forschung. Analytische Vorgehensweisen zur Modellierung der Temperaturverteilung im Werkstück waren dagegen bislang kein Forschungsschwerpunkt beim Räumen. Zur Prädiktion der erzielbaren Maßhaltigkeit beim Räumen von Profilnuten lässt sich der weitere Forschungsbedarf wie folgt zusammenfassen:

- Bisherige Arbeiten analysierten die Form- und Maßabweichungen aufgrund elastischer Effekte unter dem Oberbegriff des Kanteneinzugs im Anschluss an den Zerspanprozess. Es ist bisher nicht bekannt, wie sich die dynamischen Ein- und Austritte sowie die stets wechselnde Anzahl an Schneiden im Eingriff auf das Werkstückverhalten auswirken und welche Formabweichungen dadurch begründet werden können. In situ Messung der elastischen Werkstückverformung im Räumprozess sowie die Analyse des Einflusses der Werkzeug- und Prozessparameter auf das Werkstückstückverhalten wurden bislang nicht systematisch durchgeführt.
- Die im Stand der Technik dargestellten Staffelungsarten resultieren bei der Räumbearbeitung in variierenden Spanungsquerschnitten von Schneide zu Schneide. Für die Modellierung der mechanischen und thermischen Belastung über ein gesamtes Räumwerkzeug ist es daher erforderlich, eine Methode zur Eingriffssimulation eines Räumwerkzeugs zu entwickeln. Dadurch wird es möglich, den Spanungsquerschnitt, die lokale Spanungsdickenverteilung sowie die thermische und mechanische Belastung von Werkzeug und Werkstück über ein gesamtes Räumwerkzeug zu modellieren. Bisherige Forschungsarbeiten zur

analytischen Modellierung bezogen sich lediglich auf eine einzelne Werkzeugschneide. Interdependenzen zwischen den Werkzeugschneiden und deren Einfluss auf das Prozessergebnis wurden bislang nicht analysiert.

- In der Literatur existieren analytische Modelle zur Bestimmung der Temperaturverteilung im Werkstück. Die Modelle wurden jedoch hauptsächlich für Fertigungsprozesse wie das Drehen oder Fräsen kalibriert. Die sehr niedrigen PÉCLET-Zahlen beim Räumen und der damit einhergehende große Wärmestromanteil in das Werkstück machen es erforderlich, ein Temperaturmodell für den Wärmestrom ins Werkstück für den vorliegenden Parameterraum zu entwickeln. Bisherige Arbeiten von GIERLINGS und PENG bezogen sich bei der Temperaturmodellierung lediglich auf das Werkzeug [GIER15; PENG21]. Eine detaillierte Analyse des Wärmestroms und folglich der Temperaturverteilung im Werkstück und die daraus resultierende Wärmedehnung ist bislang nicht erfolgt.
- Zur Prädiktion der erzielbaren Maßhaltigkeit ist eine Quantifizierung der Rückkopplungseffekte zwischen elastischer Werkstückverformung, Zerspankraft und effektiver Spanungsdicke notwendig. Es ist bislang nicht bekannt, wie diese Effekte die erzielbare Maßhaltigkeit beeinflussen und ob die Maßhaltigkeit beim Räumen einen Grenzwert aufweist. Zudem wurde eine systematische Analyse zur Identifikation der Haupteinflussfaktoren auf die erzielbare Maßhaltigkeit bei der Räumbearbeitung bisher nicht durchgeführt.

3 Zielsetzung und Vorgehensweise

Objectives and Approach

Das Räumverfahren wird unter anderem zur Herstellung von Profilnuten in Turbinenscheiben angewendet, welche die Schnittstelle zu den Turbinenschaufeln darstellen. Im Betrieb des Triebwerks werden die an den Turbinenschaufeln wirkenden hohen Fliehkräfte über die Profilnuten in die Turbinenscheibe geleitet. Aus diesem Grund stellt die Schnittstelle der beiden Bauteile ein für den Betrieb sicherheitskritisches Merkmal dar, welches folglich besondere Anforderungen hinsichtlich Geometrie und Qualität erfüllen muss. Aktuelle Bestrebungen der EU-Kommission zur Erreichung ökologischer und ökonomischer Ziele in der Luftfahrt führen u.a. zu konstruktiven Änderungen in der Triebwerksauslegung. Down-Sizing Maßnahmen zur Steigerung der Effizienz resultieren in filigranen Strukturen verschiedener Komponenten, woraus hohe Anforderungen an die zugrundeliegenden Fertigungsverfahren resultieren. Die geringeren Querschnitte begünstigen elastische Verformungen im Fertigungsprozess, welche zu geometrischen Maß- und Formabweichungen führen können. Aufgrund der sicherheitskritischen Relevanz der Profilnuten ist es zwingend erforderlich, die geometrischen Toleranzen prozesssicher und stabil einzuhalten.

Der Fokus bisheriger Forschungsarbeiten zur Räumtechnologie lag insbesondere auf der Optimierung der Werkzeuggeometrie (vgl. Kapitel 2.1 und 2.2). Im Vordergrund stand die Steigerung der Wirtschaftlichkeit durch eine Verkürzung der Werkzeuglänge bzw. Steigerung der Standzeit und Schnittgeschwindigkeit durch den Einsatz alternativer Schneidstoffe. Arbeiten zu erzielbaren Form- und Maßgenauigkeiten der bearbeiteten Bauteile wurden bislang lediglich für das Räumen von Innenverzahnungen in Stahllegierungen mit hohen Schnittgeschwindigkeiten durchgeführt (vgl. Kapitel 2.4). Der Einfluss der beim Räumen wirkenden lokal variierenden Zerspankraft wurde bislang zur Prädiktion von Schneidkantenausbrüchen und zur Gewährleistung der Prozessstabilität analysiert, nicht jedoch hinsichtlich der erzielbaren Maßhaltigkeit des gefertigten Bauteils. Insbesondere vor dem Hintergrund der zukünftig filigranen Geometrien im Triebwerksbau ist eine Analyse der erzielbaren Form- und Maßgenauigkeiten notwendig.

Ziel dieser Arbeit ist die Entwicklung einer generischen Methodik zur Prädiktion der Maßhaltigkeit beim Räumen von Profilnuten. Dafür gilt es in einem ersten Schritt, die Ursache-Wirkungszusammenhänge zwischen den Werkzeug- und Prozessparametern sowie den charakteristischen Geometrieparameter der Profilnut auf resultierende Geometrieabweichungen in empirischen Untersuchungen zu identifizieren. Anschließend wird durch die Entwicklung eines analytischen Vorgehens die Grundlage zur Prädiktion der Maßhaltigkeit geschaffen. Ergebnis dieser Arbeit wird abschließend ein methodisches Vorgehen sein, welches die erzielbare Maßhaltigkeit bereits auf Basis einer konstruktiven Werkzeugauslegung analytisch prädizieren kann. Anschließend werden Gestaltungsmaßnahmen für die Werkzeugauslegung und die Prozessführung abgeleitet und für die Optimierung des Prozesses genutzt werden.

Basierend auf der dargestellten Problemstellung wird folgende Forschungshypothese abgeleitet:

Die analytische Modellierung der thermisch- und mechanisch-bedingten elastischen Bauteilverformungen während des Räumprozesses ermöglicht eine Prädiktion der erzielbaren Maßhaltigkeit beim Räumen von Profilnuten.

Zur Verifikation der Forschungshypothese werden die folgenden vier Forschungsfragen beantwortet:

1. Wie können elastische Verformungen in situ beim Räumen von Profilnuten gemessen werden und welche Werkzeug- und Prozessparameter haben einen signifikanten Einfluss auf die elastische Bauteilverformung?
2. Wie können die mechanische und die thermische Werkstückbelastung bei der Räumbearbeitung zeit- und ortsaufgelöst für ein gesamtes Räumwerkzeug modelliert werden?
3. Wie können die Rückkopplungseffekte zwischen elastischer Werkstückverformung, effektiver Spanungsdicke und der resultierenden Zerspankraft modelliert werden?
4. Wie ist ein Vorgehen zu gestalten, um die erzielbare Maßhaltigkeit beim Räumen von Profilnuten zu prädizieren um daraus Gestaltungsrichtlinien für die Werkzeug- und Prozessauslegung abzuleiten?

Die Gliederung der vorliegenden Arbeit folgt dem wissenschaftlichen Ansatz der anwendungsorientierten Forschung nach ULRICH [ULRI01, S. 195]. Das praxisnahe Problem wurde in der Einleitung (Kapitel 1) erfasst und typisiert. Im Anschluss wurde der zur Lösung dieser Problemstellung notwendig Stand der Wissenschaft und Technik (Kapitel 2) erarbeitet. Durch Aufzeigen des wissenschaftlichen Defizits wurde der Forschungsbedarf abgeleitet und die Forschungshypothese sowie die zugrundeliegenden Forschungsfragen zur Lösung des Problems formuliert (Kapitel 3). Die weitere Vorgehensweise zur Lösung der Forschungsfragen ist in Abbildung 3-1 dargestellt:

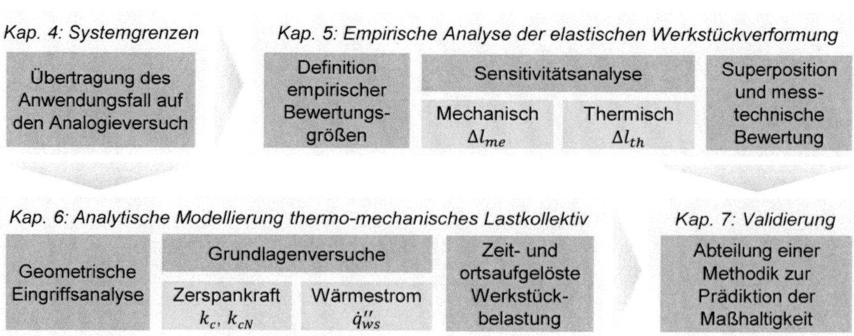

Abbildung 3-1: Gliederung der Arbeit

Outline of the Work

Dem Vorgehen nach ULRICH folgend, beginnt in Kapitel 4 die „Erfassung und Untersuchung des relevanten Anwendungszusammenhangs“. In einem ersten Schritt wird die Übertragbarkeit von der Fertigung realer Profilnuten auf einen Analogieprüfstand sichergestellt. Die Systemgrenzen werden definiert und der Analogieprüfstand konzeptioniert. In Kapitel 5 werden die Ergebnisse der empirischen Untersuchungen zur Identifikation der Ursache-Wirkungszusammenhänge zwischen dem Fertigungsprozess und der Maßhaltigkeit analysiert und bewertet. Dabei wird zwischen mechanisch-bedingten Werkstückverformungen und einer thermisch-bedingten Werkstückausdehnungen unterschieden. Aufgrund der hohen werkstückseitigen geometrischen Komplexität und der Vielzahl an Werkzeuggeometrieparametern ist eine rein empirische Analyse nicht zielführend. In Kapitel 6 wird daher eine Modellierungsmethode entwickelt, welche die mechanischen und thermischen Belastungen des Werkstücks analytisch für einen gesamten Räumvorgang quantifiziert. Es wird eine Eingriffssimulation entwickelt und mit einem Kraft- sowie Temperaturmodell gekoppelt. Ziel ist es, ein zeit- und ortsabhängiges Modell der Werkstückbelastung zu erhalten. Zur Validierung der analytischen Modellierung werden empirische Untersuchungen mit profilabbildenden Räumwerkzeugen durchgeführt und mit den analytischen Ergebnissen verglichen. Die empirischen und analytischen Ergebnisse werden in Kapitel 7 in ein generisches Vorgehen zur Prädiktion der Maßhaltigkeit beim Räumen von Profilnuten überführt und auf eine industriell verwendete Profilnutgeometrie übertragen. In Kapitel 8 werden die Erkenntnisse zusammengefasst und kritisch diskutiert. Abschließend wird ein Ausblick auf weitere offene Fragestellungen beim Räumen von Profilnuten in Turbinenscheiben gegeben.

4 Analyse des Werkstückverhaltens im Räumprozess

Analysis of the workpiece behavior in the broaching process

In diesem Kapitel wird die Übertragbarkeit der industriellen Fertigung von Profilnuten in Triebwerksscheiben auf den Analogieversuch bewertet. Vordergründiges Ziel ist die Entwicklung eines Prüfstands, welcher es ermöglicht, elastische Werkstückverformungen im realen Zerspanprozess orts- sowie zeitaufgelöst in situ zu mesesn. Dadurch wird es möglich, Korrelationen zwischen elastischen Werkstückverformungen und Werkzeug- und Prozessparametern zu identifizieren. In einem ersten Schritt werden die Systemgrenzen definiert, im Rahmen welcher die Untersuchungen der vorliegenden Arbeit durchgeführt werden. Anschließend wird die Entwicklung des Analogieprüfstands erläutert und die Übertragbarkeit der industriellen Fertigung auf den Analogieversuch anhand einer Messung der Maßhaltigkeit bewertet.

4.1 Festlegen der Systemgrenzen

Definition of the boundary conditions

Die Bewertung der durch das Räumen erzeugten Geometrieabweichungen bei der Herstellung von Profilnuten erfordert eine Festlegung des Betrachtungsrahmens. Abbildung 4-1 stellt das Gesamtsystem des Räumprozesses dar und gibt einen Überblick über mögliche Einflussfaktoren. Zur Definition des Betrachtungsrahmens ist zwischen nicht veränderlichen und veränderlichen Faktoren zu unterscheiden. Der Fokus dieser Arbeit liegt auf den Werkzeug- und prozessseitigen Einflussfaktoren, welche als veränderliche Faktoren die Stellhebel für eine abschließende Optimierung des Prozesses sind. Darüber hinaus werden die Werkstückgeometrie und die werkstoffseitigen Eigenschaften in Form des E-Moduls und der Wärmeleitfähigkeit in den Betrachtungsrahmen einbezogen. Die Werkstückgeometrie wird in Form der Nuttiefe und der Stegbreite im Rahmen der Analyse variiert. Bei der Übertragung auf den industriellen Anwendungsfall und der Ableitung der Gestaltungsmaßnahmen stellt die Profilnutgeometrie, welche durch den Triebwerkshersteller definiert wird, jedoch einen nicht veränderlichen Einflussfaktor dar. Maschinenseitige Einflussgrößen wie beispielsweise die Positionierungsgenauigkeit des Werkzeuges zum Bauteil und die Maschinensteifigkeit werden als nicht veränderliche Faktoren als konstant angenommen. Der Betrachtungsrahmen der vorliegenden Arbeit ist in Abbildung 4-1 farblich kenntlich gemacht.

Für die Analyse der Wärmeströme wird die Systemgrenze ebenfalls bei den mit dem Zerspanprozess zusammenhängenden Komponenten gezogen. Wärmeströme z.B. in die Maschinenstruktur werden als konstant angenommen. Industriell wird zum derzeitigen Stand der Technik an Möglichkeiten gearbeitet, mittels innovativer Spannkonzepte die Maßhaltigkeit zu steigern und elastische Effekte während der Zerspanung zu reduzieren. Die Optimierung der Werkstückaufspannung ist daher ebenfalls von hohem Interesse für das Ziel, die Bauteilqualität zu steigern. Aus zerspantechnologischer Sicht liegt jedoch die wissenschaftliche Fragestellung in der Identifikation der

Ursache-Wirkungszusammenhängen zwischen den Werkzeug- und Prozessparametern, dem Werkstückverhalten und den resultierenden Geometrieabweichungen.

In Kapitel 2.4 wurden bisherige Forschungsarbeiten zum Thema Kanteneinzug beim Räumen bzw. Maß- und Profilabweichungen in Schnittrichtung aufgrund elastischer Effekte aufgezeigt. Es wurde zudem gezeigt, dass eine systematische Untersuchung der Ursache-Wirkungszusammenhänge bislang nicht durchgeführt wurde. Zielsetzung dieses Kapitels ist es daher, einen Versuchsaufbau zu konzipieren, welcher es ermöglicht, die Charakteristik des Kanteneinzugs in einem Analogieversuch abzubilden und gleichzeitig eine sensorische Überwachung des Bauteilverhaltens zu realisieren. Dies ermöglicht eine Korrelation der im Anschluss an den Prozess erfassten Bauteilgeometrie mit dem Bauteilverhalten während des Räumvorgangs und den vorliegenden Werkzeug- und Prozessparametern. Die in Abbildung 4-1 dargestellte, tonnenförmige Profilabweichung wird per Definition in axialer Richtung (in Schnittrichtung) gemessen. Die radiale Bauteilverformung bezieht sich auf das Aufweiten des Profils in Umfangsrichtung und stellt die Ursache der Profilabweichung dar.

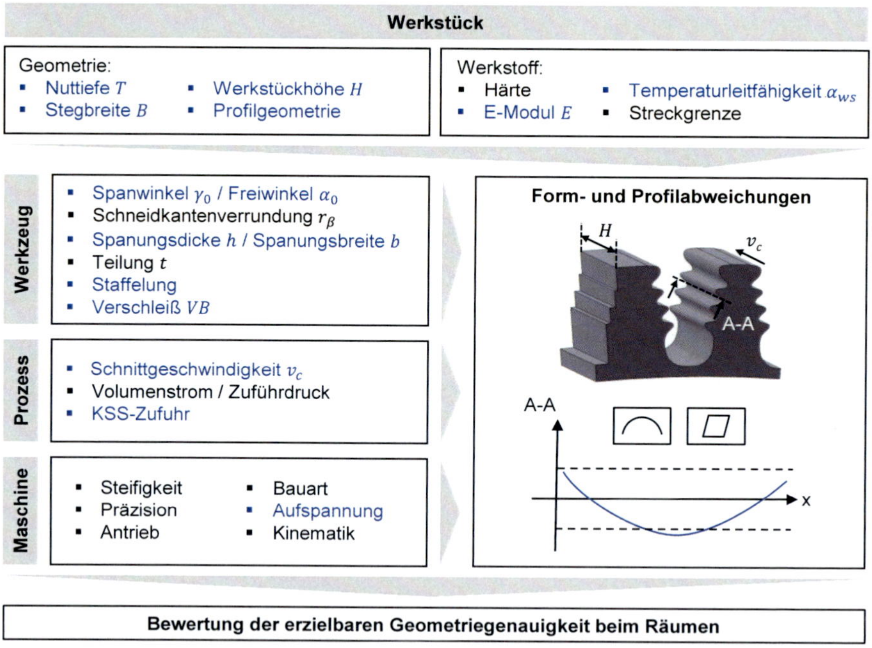

Abbildung 4-1: Definition des Betrachtungsrahmens in Anlehnung an [SEIM19]

Definition of the Field of Observation in Accordance with [SEIM19]

BOEV und SCHULZE zeigten für das Innenräumen von Verzahnungen, dass auftretende Schwingungen bei hohen Schnittgeschwindigkeiten aufgrund von Prozess-Maschinen-Interaktionen zu Welligkeiten auf der Werkstückoberfläche führen [SCHU13;

BOEV17]. Diese Erkenntnisse können aus zwei Gründen nicht auf den in diesem Forschungsvorhaben adressierten Anwendungsfall übertragen werden. Zum einen handelte es sich beim Innenräumen von Verzahnungen nicht um filigrane, auskragende Bauteile. Zum anderen liegen die Schnittgeschwindigkeiten beim Räumen von Profilnuten in Turbinenscheiben in einem Bereich zwischen 2 m/min < v_c < 7 m/min (im Vergleich zu v_c ≥ 90 m/min beim Innenräumen von C45 in normalisiertem Zustand). In diesem Schnittgeschwindigkeitsbereich liegt die Zahneingriffsfrequenz für ein industriell eingesetztes Räumwerkzeug mit einer Teilung von t = 10 mm bei 3 Hz < f_{Zahn} < 8 Hz. Für dieses Forschungsvorhaben wird daher die Annahme getroffen, dass Schwingungen durch Prozess-Maschine-Interaktionen vernachlässigt werden können.

Eine systematische Variation der Kühlschmierstoffzufuhr wird nicht durchgeführt. Aufgrund der niedrigen Schnittgeschwindigkeiten wird bei der Räumbearbeitung Öl als Schmierstoff eingesetzt. Der Effekt einer Überflutungskühlung mit Öl auf sich ausbildende Temperaturfelder im Werkstoff wird in einem Stichversuch in Kapitel 5.4 bewertet. Die KSS-Zufuhr war jedoch kein Schwerpunkt der vorliegenden Arbeit und ist ein Ansatzpunkt für nachfolgende Forschungsarbeiten.

Beim industriellen Fertigungsprozess werden die Profilnuten schrittweise über den Umfang in die Turbinenscheibe eingebracht. In einem ersten Umlauf wird der Schruppprozess durchgeführt, im nachgelagerten zweiten Umlauf folgt der Schlichtprozess. Aufgrund der schrittweisen Fertigung der Profilnuten variieren die vorliegenden Steifigkeitsverhältnisse zwischen den beiden angrenzenden Profilnuten. Auf der Seite der vorher gefertigten Profilnut befindet sich bereits die finale, filigrane Struktur des Profilstegs. Die nachfolgende Nut weist den Zustand nach dem Schruppprozess auf (siehe Abbildung 4-4). Diese Prozessfolge resultiert daher in einer asymmetrischen Steifigkeit des Werkstücks, welches Geometrieabweichungen zwischen linker und rechter Seite hervorrufen kann. Bei der Auslegung der Analogiewerkstücke wurden diese Randbedingungen berücksichtigt. Der Fokus dieser Arbeit lag jedoch auf der Maßhaltigkeit, Symmetrieabweichungen zwischen den beiden Profilflanken werden nicht mit einbezogen. Die grundlegende Untersuchung dieser Fehlerbilder bietet über diese Arbeit hinaus weiteren Forschungsbedarf.

4.2 Entwicklung eines Analogieversuches

Development of an Analogy Test Setup

Zur Untersuchung und Bewertung der zu Geometrieabweichungen führenden Ursache-Wirkungszusammenhänge ist es notwendig, den Prozess des industriellen Räumens von Profilnuten in einen Analogieprozess zu übertragen. Handlungsmöglichkeiten bzw. Stellhebel zur Optimierung des Räumprozesses können aufgrund der Vielzahl der Einflussgrößen und der damit einhergehenden Komplexität des Gesamtsystems nicht aus dem industriellen Prozess abgeleitet werden. Die Übertragung in einen Analogieversuch ermöglicht die systematische und grundlegende Analyse der zu Geometrieabweichungen führenden Ursache-Wirkungszusammenhänge und bildet die Grundlage für die anschließende Prädiktion der Maßhaltigkeit. In diesem Kapitel wird der Versuchsaufbau dargestellt und die Analogie zum industriellen Prozess erläutert. Neben der Charakterisierung des Versuchswerkstoffs und der Vorstellung der Versuchsmaschine beinhaltet dieses Kapitel die Definition der Werkstück- und Werkzeuggeometrien, die Auswahl der notwendigen Sensorik sowie die daraus resultierende Konzeptionierung und Inbetriebnahme des Analogieprüfstandes. Kapitel 4.3 beinhaltet im Anschluss die Bewertung der Übertragbarkeit des industriellen Anwendungsfalls auf den Analogieversuch.

Werkstoffcharakterisierung

Die Untersuchungen wurden mit dem Werkstoff Inconel 718 durchgeführt. Dieser Werkstoff ist eine ausscheidungshärtende Nickelbasislegierung und zählt zu den warm- bis hochwarmfesten Legierungen. Gemäß DIN 10088 trägt Inconel 718 die Werkstoffnummer 2.4668 bzw. die Bezeichnung NiCr19Fe19Nb5Mo3 [DEUT14]. Aufgrund der hohen Warmfestigkeit bis zu Temperaturen von 650 °C findet dieser Werkstoff Anwendung im Bereich des Hochdruckverdichters sowie der Hoch- und Niederdruckturbine innerhalb eines Triebwerks. Der Werkstoff zeichnet sich insbesondere durch eine hohe Bruchzähigkeit, einen hohen Bruchwiderstand, eine hohe Oxidationsbeständigkeit sowie einen hohen Widerstand gegen zyklische Ermüdungserscheinungen aus [SPEC22].

Die chemische Zusammensetzung der verwendeten Legierung ist in Tabelle 4-1 gegeben und wurde am Werkzeugmaschinenlabor mittels optischer Emissionsspektroskopie ermittelt. Das Gefüge setzt sich aus einer austenitischen γ-Matrix, den metastabilen γ' und γ''-Phasen sowie Nb- und TiN-Karbiden zusammen. In Abhängigkeit von der Wärmebehandlung liegen kleine Anteile einer stabilen Ni_3Nb δ-Phase vor, welche insbesondere die Korngröße beeinflusst. Die Elemente Nickel, Eisen und Chrom bilden die austenitische γ-Matrix. Die Legierungselemente Molybdän, Aluminium, Titan und Niob führen zur Bildung der verstärkenden γ' und γ''-Phasen, wobei die γ''-Phase den dominanten Einfluss auf die Festigkeitssteigerung von Inconel 718 aufweist [RENH07]. Der hohe Chromgehalt führt zudem zu einem gesteigerten Schutz vor Korrosion durch die Bildung einer Cr_3O_2-Deckschicht und unterstützt die Aluminiumoxid

Al_2O_3-Deckschichtbildung. Des Weiteren steigert der hohe Chromgehalt die Mischkristallhärtung und führt zur Bildung von Karbiden. Als kostengünstiger Ersatz für Nickel dient das Element Eisen.

Tabelle 4-1: Chemische Zusammensetzung des Versuchswerkstoffs Inconel 718

Chemical Composition of the Workpiece Material Inconel 718

Legierungselement	Ni	Cr	Fe	Nb	Mo	Ti	Al	Co	C	Si
Massenanteil / %	53,35	18,16	17,64	5,16	3,14	0,97	0,56	0,28	0,07	0,06

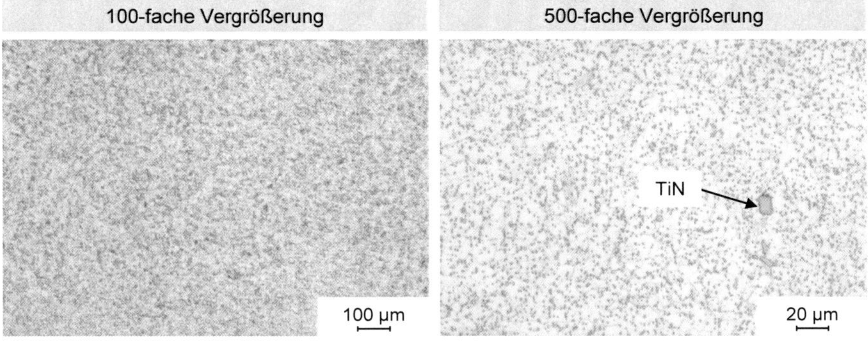

Abbildung 4-2: Gefügestruktur des Versuchswerkstoffs Inconel 718

Microstructure of the Test Material Inconel 718

PENG verglich die mechanischen und thermischen Eigenschaften von Inconel 718 verschiedener Forschungsarbeiten mit leicht unterschiedlicher chemischer Zusammensetzung in Abhängigkeit von der Herstellungskette. Er stellte heraus, dass die Eigenschaften Wärmeleitfähigkeit, Wärmekapazität und Elastizitätsmodul stets vergleichbar waren. Die mechanischen und thermischen Eigenschaften von Inconel 718 bei einer Raumtemperatur von 25 °C sind in Tabelle 4-2 gelistet [VDM20; PENG21; SPEC22].

Tabelle 4-2: Mechanische und thermische Eigenschaften von Inconel 718

Mechanical and Thermal Properties of Inconel 718

Elastizitätsmodul E / GPa	Wärmeleitfähigkeit λ / W/(K·m)	Spez. Wärmekapazität c_{pm} / J/(K·kg)	Wärmeausdehnungskoeffizient α / µm/(K·m)
205	10	450	13

Es ist zu beachten, dass die genannten Eigenschaften eine große Abhängigkeit von der Temperatur haben. Aus diesem Grund werden für die analytische Modellierung der Wärmeströme in Kapitel 6.2 die temperaturabhängigen Materialkennwerte entsprechend der Arbeit von AUGSPURGER verwendet. Die temperaturabhängigen Werte können der Tabelle 10-1 im Anhang entnommen werden [AUGS18].

Beschreibung der Räummaschine

Die zerspantechnologischen Untersuchungen wurden auf einer Vertikal-Außenräummaschine der Fa. FORST vom Typ RASX 8x2200x600M/CNC durchgeführt (Abbildung 4-3). Die Maschine hat drei NC-Achsen. Die Räumkassette zur Ausführung der Schnittbewegung ist auf die Z-Achse (vertikale Achse) montiert und besitzt drei separate Werkzeugbahnen, sodass parallel drei Werkzeuge mit einer maximalen Gesamtwerkzeuglänge von 5600 mm montiert werden können. Die Z-Achse wird durch einen elektromechanischen Antrieb mit Zahnrad-Ritzel-Verbindung bewegt und führt einen maximalen Räumhub von 2200 mm aus. Die X- und Y-Achse (horizontale Achsen) sind im Maschinentisch integriert und gewährleisten die Positionierung des Werkstücks relativ zum Werkzeug. Die Positioniergenauigkeit wird dabei über zwei sich gegenseitig abgleichende Messsysteme, einem im Motordrehgeber und einem in der Linearführung, sichergestellt und beträgt für beide Achsen 0,001 mm. Die realisierbare Schnittgeschwindigkeit liegt zwischen v_c = 0,5 m/min und v_c = 150 m/min. Die maximale Räumkraft der Maschine beträgt 80 kN, welche bis zu einer Schnittgeschwindigkeit von v_c = 30 m/min zur Verfügung gestellt werden kann. Für höhere Schnittgeschwindigkeitsbereiche beträgt die maximale Räumkraft 20 kN. Die notwendige hohe Maschinensteifigkeit wird zum einen durch die Antriebsart sichergestellt, zum anderen werden die beiden horizontalen Achsen vor dem Räumhub hydraulisch geklemmt.

Forst RASX 8 x 2200 x 600 M/CNC	
Räumkraft F_R:	80 kN ($v_c \leq$ 30 m/min) 30 kN ($v_c \geq$ 30 m/min)
Hublänge l_H:	2200 mm
Werkzeuglänge l_W:	1800 mm pro Bahn
Räumbahnen n:	3
Schnittgeschw. v_c:	0,5 m/min bis 150 m/min
KSS-Versorgung Q_{KSS}:	80 l/min
KSS-Tankvolumen V_{KSS}:	800 l bis 1400 l
Teilapparat:	Walter RTMN 250
Kraftmessplattform:	Kistler Z21289
Steuerung:	Sinumerik 840D sl
Antrieb:	Elektromechanisch

Abbildung 4-3: Beschreibung der Räummaschine

Description of the Broaching Machine Tool

Auf den Maschinentisch kann zusätzlich ein rotierender Rundtakttisch montiert werden, welcher in die Maschinensteuerung integriert wurde und für bauteilnahe Anwendungen (z.B. Turbinenscheiben) als C-Achse eingesetzt wird. Ebenfalls auf dem Maschinentisch befindet sich eine eigens für die Räummaschine ausgelegte Kraftmessplattform der Fa. KISTLER vom Typ Z21289. Das Dynamometer ist entsprechend der Prozesskinematik so ausgelegt und vorgespannt, dass sich der kalibrierte Kraftangriffspunkt 75 mm vor der Aufspannung befindet. Mit dieser Plattform können Prozesskräfte in Räumrichtung im Bereich F_z = ± 80 kN mit einer Auflösung von 0,01 N gemessen werden. Die gemessene Kraft in z-Richtung entspricht der Schnittkraft F_c, während die in y-Richtung gemessene Kraft gleich der Schnittnormalkraft F_{cN} ist. Bei komplexen Eingriffsbedingungen wie bei der Schlichtbearbeitung kann diese Verallgemeinerung hinsichtlich der Schnittnormalkraft jedoch nicht getroffen werden, da die Richtung von F_{cN} stets orthogonal auf die Schneidkante wirkt und damit abhängig vom Werkzeugprofil ist.

Auslegung der Analogiewerkstücke

Die Auslegung der Versuchswerkstücke ist in Abbildung 4-4 schematisch dargestellt.

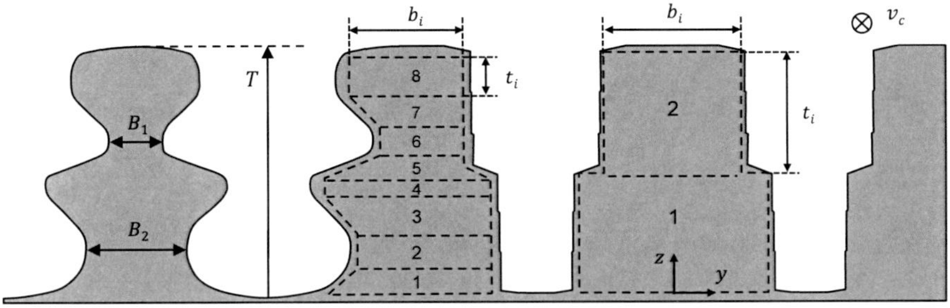

Abbildung 4-4: Auslegung der Werkstückproben für die Analogieversuche

Design of the Workpiece Samples for the Analogy Cutting Tests

Während dem Räumen von Profilnuten findet durch die beiden Zerspankraftkomponenten Schnittkraft F_c und Schnittnormalkraft F_{cN} sowie aufgrund der Auskragung des Profilsteges eine dreidimensionale elastische Werkstückverformung statt. Durch die Schnittnormalkraft F_{cN} wird sowohl eine Abdrängung in y-Richtung sowie eine Biegung um die z-Achse hervorgerufen, welche in Abhängigkeit von der Nuttiefe T zunehmen. Gleichzeitig resultiert die Schnittkraft F_c in einer Abdrängung in z-Richtung und einer Biegung um die y-Achse. Der im industriellen Anwendungsfall vorliegende Neigungswinkel führt darüber hinaus zu einer Torsionsbewegung um die z-Achse, da zu keinem Zeitpunkt eine gleichmäßige, flächige Belastung des Werkstücks vorliegt. Die von der Schnittnormalkraft F_{cN} hervorgerufene Werkstückverformung um die x- und z-Achse ist ein Fokus der Untersuchungen und wird über eine Variation des Kraftangriffspunkts in Richtung der Nuttiefe T im Detail analysiert. Aufgrund der komplexen Profilformgeometrie, welche in Grundlagenversuchen nicht abgebildet werden kann, bedarf es einer Abstraktion der Stegbreite B. Hintergrund ist, dass bei der Schlichtbearbeitung lokal variierende Spanungsdicken entlang der Schneidkante auftreten, wodurch die Ursache-Wirkungszusammenhänge zwischen Spanungsdicke und Werkstückverformung nicht quantifiziert werden könnten [SEIM19]. Für die Analogieversuche war es daher notwendig, einen Bereich äquivalenter Werkstückbreiten zu ermitteln, welche den realen Anwendungsfall umfänglich abdecken. Es wurde daher das axiale Flächenträgheitsmoment einer Referenzgeometrie um die z-Achse (I_z) bestimmt. Aufgrund der eingangs erläuterten Prozessreihenfolge beim Räumen, bei welcher die Profilnuten aufeinanderfolgend gefertigt werden, liegt einerseits eine bereits geschlichtete sowie eine vorbearbeitete Profilnut vor. Diese Tatsache wurde bei der Berechnung der Flächenträgheitsmomente berücksichtigt, wie in Abbildung 4-4 dargestellt ist. Das Flächenträgheitsmoment des Profilsteges ist dabei die Summe der Flächenträgheitsmomente der Teilflächen A_i unter Berücksichtigung der Schwerpunkte S_i der Teilflächen (Steiner-Anteil). Das Gesamtflächenträgheitsmoment $I_{z,ges}$ kann mittels Gleichung 4.1 bestimmt werden:

$$I_{z,ges} = \sum_{i=1}^{n} ((I_{z*})_i + z_{S_i}^{*2} \cdot A_i) \tag{4.1}$$

Aus den Berechnungen auf Basis von Referenzgeometrie und unter Berücksichtigung unterschiedlicher Prozessabschnitte (Semi-Schlichten, Schlichten) ergaben sich Werkstückbreiten in einem Bereich zwischen 8 mm < B < 10 mm für die Analogieversuche. In Kapitel 7 werden die Untersuchungen auf die komplexe Profilgeometrie übertragen. Mithilfe der abstrahierten Werkstückgeometrie können Ursache-Wirkungszusammenhänge eindeutig identifiziert und mittels Signifikanzanalyse bewertet werden. [GROT14]

Definition der Analogieräumwerkzeuge

Die radiale Belastung der Profilstege tritt während der Semi-Schlicht- und Schlichtbearbeitung auf. Die Schruppbearbeitung (vgl. Abbildung 2-2) in Form der Tiefenstaffelung erzeugt keine seitlichen, auf die Profilstege wirkenden Kräfte und ist daher als Ursache für Maßabweichungen in Form von Linienabweichungen auf den Tragflanken oder Formabweichungen der Profilgeometrie ausgeschlossen. Bei der Semi-Schlicht- und Schlichtbearbeitung findet das Fertigen der Innen- und Außenradiusprofile statt. In diesem Prozessschritt wirkt die orthogonal zur Werkzeugschneide stehende Schnittnormalkraft F_{cN} auf die Profilstege. Aufgrund filigraner und dünner Strukturen können dadurch elastische Verformungen hervorgerufen werden. Zur Analyse der zu Maßabweichung führenden Ursachen wird der Fokus dieser Arbeit folglich auf die profilerzeugenden Werkzeuge gelegt. In den Grundlagenuntersuchungen in Kapitel 5 werden zunächst Tiefenstechwerkzeuge als Analogiewerkzeuge für die seitliche Räumbearbeitung eingesetzt. Diese sind gekennzeichnet durch eine gerade Schneidkante der Breite b und einem konstanten Zahnsprung h und ermöglichen daher eine systematische Untersuchung der Ursache-Wirkungszusammenhänge zwischen Werkzeuggeometrie und elastischer Werkstückverformung. Radiusabbildende Räumwerkzeuge stellen die Analogie zu den Vollformschneiden der letzten Schlichtdetails dar (vgl. Abbildung 2-2). Diese Werkzeuge weisen aufgrund der zu fertigenden Geometrie einen nicht-konstanten Spanungsquerschnitt entlang des Räumwerkzeugs auf. Das thermomechanische Belastungskollektiv variiert folglich innerhalb eines Räumhubs. In Kapitel 6 werden diese Werkzeuge in einem ersten Schritt analytisch modelliert. In den anschließenden Versuchen werden sowohl Innenradien- als auch Außenradien-abbildende Werkzeuge eingesetzt und zur Validierung der analytischen Modellierung verwendet. Somit können sämtliche geometrische Charakteristika der Profilnutgeometrie separat analysiert und kritische Bereiche identifiziert werden. Die Radien einer industriell eingesetzten Profilnut liegen im Bereich zwischen 1 mm ≤ r_N ≤ 3 mm. Abbildung 4-5 stellt grafisch die Ableitung der Räumwerkzeuge für die zerspantechnologischen Untersuchungen in dieser Arbeit aus dem industriellen Anwendungsfall dar.

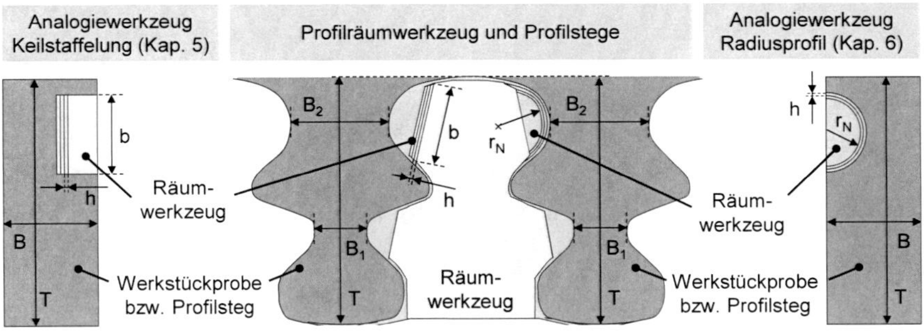

Abbildung 4-5: Ableitung der Analogieräumwerkzeuge

Derivation of the Analogy Broaching Tools

Auswahl der Sensorik

Für die empirischen Untersuchungen zur Quantifizierung der elastischen Werkstückverformung im Räumprozess wurden induktive Sensoren eingesetzt. Diese weisen insbesondere durch die Anwendbarkeit in schmutzigen Umgebungen große Vorteile gegenüber kapazitiven Sensoren auf [MICR22a; MICR22b]. Im Vergleich zu weiteren Abstandsmesssystemen wie konfokalen oder laser-basierten Messsystemen sind induktive Sensoren des Weiteren aufgrund der Messfrequenz, der Auflösungsgenauigkeit und der Flexibilität zur Applizierung vorteilhaft [MICR22a; MICR22c; MICR22d]. Die Schutzklasse IP67 ermöglicht zusätzlich den Einsatz unter Zufuhr von Kühlschmierstoff. Zur Untersuchung des Einflusses der in der Zerspanzone entstehenden Wärmeströme auf die elastische Werkstückverformung ist diese Schutzklasse notwendig.

Induktive Sensoren zur Messung von Weg, Abstand und Position basieren auf dem Wirbelstrommessprinzip. Die Funktionsweise eines Wirbelstromsensors ist schematisch in Abbildung 4-6 skizziert. Der Wirbelstromsensor besteht im Inneren aus einer Spule, in welche zur Verstärkung des Magnetfeldes ein Ferritkern platziert ist. Mittels Anlegen eines hochfrequenten Wechselstroms wird ein sich ständig änderndes magnetisches Feld (Primärfeld) erzeugt. Dieses ist ringförmig von einem elektrischen Feld umgeben (Induktionsgesetz). Befindet sich in diesem Primärfeld ein elektrisch leitfähiges Objekt, führt das elektrische Wechselfeld des Primärfeldes zu ringförmigen Strömen, den Wirbelströmen, im elektrisch leitenden Objekt (im vorliegenden Fall das Werkstück). Die Wirbelströme erzeugen ein eigenes magnetisches Wechselfeld (Sekundärfeld), welches sich auf Basis der LENZ'schen Regel mit dem Primärfeld überlagert. Die LENZ'sche Regel sagt aus, dass ein entstehender Induktionsstrom immer der

Ursache seiner Entstehung entgegenwirkt [TIPL15]. Die Überlagerung aus Primär- und Sekundärfeld führt zu einer Änderung des Wechselstromwiderstands (Impedanz) der Spule. Diese Impedanzänderung ist zum Abstand zwischen dem Messobjekt und dem Sensor proportional und kann als Änderung der Amplitude und der Phasenlage der Sensorspule als messbare Größe über das angeschlossene Messmodul aufgezeichnet werden. [MICR22a] Für die Untersuchungen im Rahmen der vorliegenden Arbeit wurden Wirbelstromsensoren vom Typ U3B der Fa. LION PRECISION verwendet. Die technischen Daten und Spezifikationen sind Abbildung 4-6 zu entnehmen. Als Steuereinheit wurde ein Messmodul vom Typ ECL 150 der Fa. LION PRECISION eingesetzt. Dieses wurde auf den verwendeten Zielwerkstoff Inconel 718 kalibriert und linearisiert. Die Messfrequenz wurde für die Untersuchungen analog zur Frequenz der Kraftmessplattform auf $f_{Sensoren}$ = 10 kHz eingestellt.

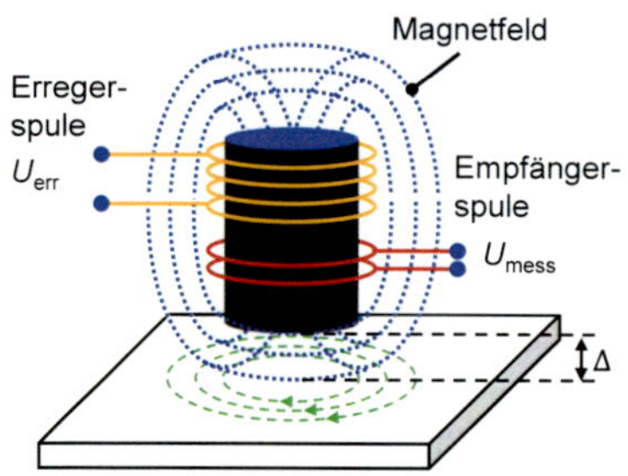

Wirbelstromsensor U3B der Fa. Lion Precision	
Sensordurchmesser	3 mm
Einsatzgebiet	-25°C – 125°C
Schutzklasse	IP67
Messbereich	0,05 mm – 0,5 mm
Linearitätsfehler	0,11 % des Messbereichs
Messfrequenz	15 kHz
Auflösungsgenauigkeit	65 nm

Abbildung 4-6: Schematische Darstellung und technische Daten des Wirbelstromsensors

Schematic Illustration and Technical Data of the Eddy Current Sensor

Prüfstand zur In-situ-Messung der Bauteilverformung beim Räumen

Die Herausforderung bei der Konstruktion des Prüfstandes für die Grundlagenuntersuchungen bestand in der Positionierung der Sensorik, um die Werkstückverformungen während dem Räumprozess orts- sowie richtungsaufgelöst zu erfassen. Die Positionierung der Sensoren innerhalb des Messbereichs zwischen 0,05 mm und 0,5 mm wurde über spezielle Buchsen realisiert, welche über einen entsprechenden Anschlag eine wiederholgenaue Positionierung ermöglichten. Des Weiteren wurde dadurch das Handling der Sensoren erleichtert. In Abbildung 4-7 ist der Analogieprüfstand dargestellt. Die Werkstückprobe wird in die Aufspannung eingespannt und kragt um den Betrag der Nuttiefe T heraus. Die Aufspannung ist als Analogie zum Grundkörper der Treibwerksscheibe zu sehen, welcher die Drehachse des Profilsteges in der industriellen Profilnutenfertigung darstellt. Die Werkstückbreite B wird über die Probendicke variiert und wurde wie oben beschrieben mittels Flächenträgheitsbestimmung aus dem Anwendungsfall abgeleitet. Das Räumwerkzeug führt eine senkrechte Schnittbewegung aus und zerspant die Werkstückprobe in radialer Richtung.

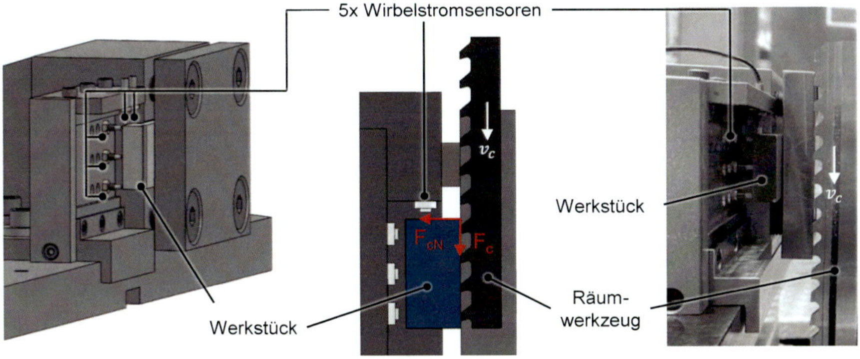

Abbildung 4-7: Analogieprüfstand zur empirischen Messung der Werkstückverformung

Analogy Test Bench for the Empirical Measurement of the Workpiece Deformation

Es wurden fünf Wirbelstromsensoren an der Werkstückprobe platziert. Ziel war es, die dreidimensionale Werkstückverformung als Überlagerung der Einzeleffekte Biegung, Kippung und Torsion zu erfassen und zu separieren. Die Positionierung der Sensoren kann Abbildung 4-8 entnommen werden. Die zwei Sensoren an der Oberseite der Probe (Sensor 1 und 2) maßen die axiale, durch die Schnittkraft F_c hervorgerufene Biegung des Werkstücks in Schnittrichtung. Sensor 1 ist dabei im Bereich der Aufspannung platziert, Sensor 2 im Bereich der maximalen Auskraglänge T. Die drei Sensoren an der Werkstückrückseite zeichneten die radiale, durch die Schnittnormalkraft F_{cN} hervorgerufene Verformung auf. Die drei Sensoren sind entsprechend der charakteristischen Zeitpunkte des Räumprozesses angeordnet. Sensor 3 erfasst das Werkstückverhalten beim Eintritt der Werkzeugschneide in den Werkstoff. Zu diesem Zeitpunkt findet ein sprunghafter Anstieg der Schnitt- und Schnittnormalkraft statt, welche zu einer unmittelbaren elastischen Werkstückreaktion führen könnte. Sensor 4 ist in der Mitte der Werkstückprobe angeordnet und misst die Verformung im kontinuierlichen Schnitt bei konstanter Last. Es ist bislang jedoch nicht bekannt, inwiefern nachfolgend eintretenden Werkzeugschneiden die Eingriffsbedingungen der vorlaufenden Schneide beeinflussen. Sensor 5 ist im Bereich des Austritts der Werkzeugschneide platziert. Zu diesem Zeitpunkt fällt die mechanische Belastung des Werkstücks unmittelbar auf null ab und es ist zu vermuten, dass es zu einer unmittelbaren Rückfederung des Werkstücks kommt.

Vor den Zerspanversuchen wurden die Wirbelstromsensoren kalibriert und linearisiert. Das Ergebnis der Kalibrierung ist in Abbildung 4-8 rechts dargestellt. Alle fünf Sensoren wiesen für den Messbereich zwischen 0 µm und 500 µm einen vergleichbaren und stark linearen Verlauf auf. Kalibriert wurden die Sensoren auf eine Ausgangsspannung U zwischen -5 V < U < 5 V.

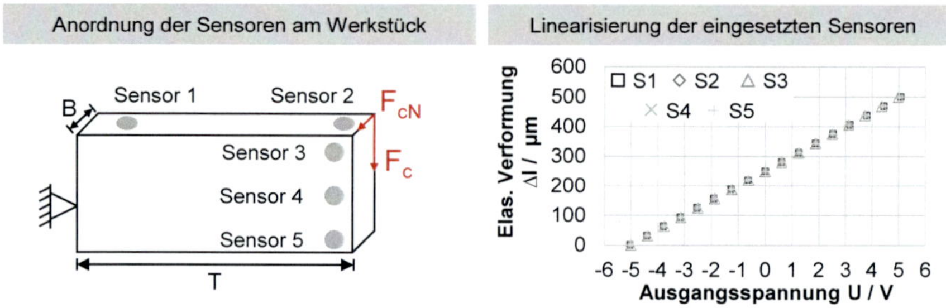

Abbildung 4-8: Positionierung und Linearisierung der Sensoren

Positioning and Linearization of the Sensors

In den Zerspanversuchen wurde des Weiteren die Schnitt- und Schnittnormalkraft F_c / F_{cN} mittels Dynamometer gemessen. Die zeitliche Synchronisierung der Messsignale wurde mittels der Software LabView der Fa. NATIONAL INSTRUMENTS realisiert.

Inbetriebnahme des Analogieprüfstandes

Zur Inbetriebnahme des Analogieprüfstandes wurde die Werkstückprobe zum einen einer rein mechanischen sowie einer rein thermischen Belastung ausgesetzt. Es galt zu überprüfen, ob die Stabilität der Werkstückprobe innerhalb der Aufnahme sichergestellt ist und wie sich eine thermische Erwärmung in den Wirbelstromsignalen widerspiegelt. Die Ergebnisse der Inbetriebnahme sind in Abbildung 4-9 dargestellt.

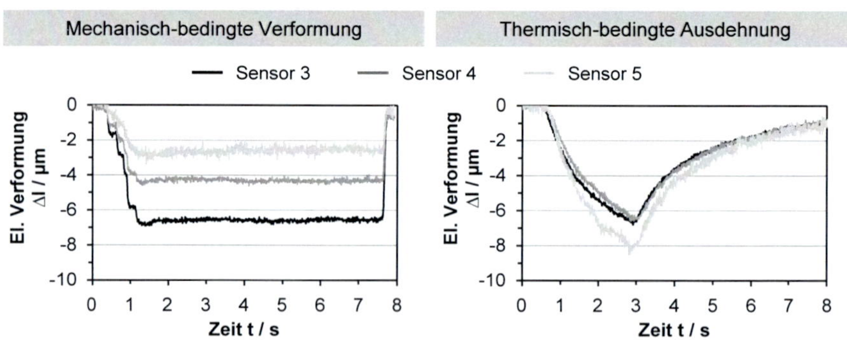

Prozess:	Räumen	Schnittgeschw.:	v_c = 5 m/min	Freiwinkel:	α = 3°
Werkstoff:	Inconel 718	Spanungsdicke:	h = 0,06 mm	Kühlschmierstoff:	trocken
Schneidstoff:	Rex T15	Spanwinkel:	γ = 10°	Sensorposition:	3, 4, 5

Abbildung 4-9: Inbetriebnahme des Analogieprüfstandes

Commissioning of the Analog Test Bench

Die Werkstückprobe wurde dabei mit einer Kraft von 500 N radial im Bereich des Werkstückeintritts belastet ohne das jedoch ein Zerspanvorgang stattfand. Es ist deutlich zu sehen, dass die Wirbelstromsensoren eine diskrete Werkstückverformung messen, welche über die Zeit t konstant bleibt. Die Belastung im Bereich des Eintritts führt zu einer Kippung des Werkstücks, deutlich zu sehen am quantitativen Unterschied zwischen Sensor 3 (Ort der Belastung) und Sensor 5 (Werkzeugaustritt). Entscheidend für die Inbetriebnahme des Prüfstands ist jedoch, dass die Verformung zum Zeitpunkt der Entlastung unmittelbar auf Δl = 0 µm zurückspringt und folglich eine rein elastische Werkstückverformung vorlag. Selbiges galt für die thermische Inbetriebnahme, bei welcher mittels Induktionsheizgerät die Werkstückprobe auf eine Temperatur von T = 250 °C erwärmt wurde. Das Wirbelstromsignal zeigt das charakteristische Verhalten einer Temperaturzunahme mit anschließender Abkühlung, in diesem Fall in Form einer thermisch-bedingten Dehnung, welche sich dem Ausgangsniveau wieder annähert. Die verbleibende elastische Verformung am Ende der dargestellten Abkühlzeit ist auf die verbleibende Restwärme im Werkstoff zurückzuführen, welche bei entsprechender Abkühldauer wieder das Ausgangsniveau erreicht. Für die nachfolgenden Analysen wurde die Signalaufzeichnung bei einem Grenzwert von Δl < 0,5 µm unterbrochen, da dieser Betrag für die nachfolgende Analyse vernachlässigbar ist. Insgesamt kann somit geschlussfolgert werden, dass der konzipierte Prüfstand sowie die gewählten Sensoren dafür geeignet sind, die anvisierten Kenngrößen prozessparallel zu erfassen.

4.3 Bewertung der Übertragbarkeit

Assessment of the Transferability

Nach der Vorstellung der Konzipierung des Analogieversuches wird in diesem Kapitel die Übertragbarkeit des industriellen Anwendungsfalls auf die Analogieräumversuche bewertet. Dafür werden Räumversuche im Analogieversuch durchgeführt und die erzeugte Profilgeometrie messtechnisch ausgewertet.

In Abbildung 4-10 sind die messtechnisch erfassten Signale der elastischen Verformung Δl sowie der Schnitt- und Schnittnormalkraft über die Zeitspanne eines Räumhubs t_c geplottet. Der dargestellte Versuch wurde mit einer Schnittgeschwindigkeit von v_c = 5 m/min und einer Spanungsdicke von h = 0,06 mm durchgeführt. Das Räumwerkzeug wies eine Zähnezahl von z = 10 auf. Das linke Diagramm zeigt beispielhaft einen Messschrieb von Sensor 2 für das axiale Werkstückverhalten während eines Räumhubs, das rechte Diagramm einen des radialen Sensors 3 sowie die korrespondieren Zerspankraftkomponente. Es ist deutlich zu sehen, dass das Signal des Wirbelstromsensors der elastischen Bauteilverformung eine starke Korrelation zu dem Schnittkraftsignal aufweist. Daraus kann gefolgert werden, dass die Wirbelstromsensoren fähig sind, die Wirkung des dynamischen Zerspankraftverlaufs auf das Bauteilverhalten hinsichtlich der zeitlichen Auflösungsgenauigkeit sowie der Sensitivität der absoluten Verformung zu erfassen. Es ist weiterhin zu erkennen, dass zum Zeitpunkt t_c = 1,9 s das Räumwerkzeug aus dem Bauteil austritt. Die Schnittkraft fällt unmittelbar auf F_c = 0 N ab. Gleiches gilt für die elastische Werkstückverformung, welche instantan auf den Wert Δl = 0 µm zurückfedert. Daraus wird geschlussfolgert, dass der Analogieprüfstand zum einen dazu fähig ist, elastische Werkstückverformungen prozessparallel und mit der notwendigen Auflösungsgenauigkeit zu messen. Zum anderen ist auch die notwendige Stabilität des Prüfstands gegeben, sodass keine bleibenden Verformungen oder Verschiebungen der Werkstückprobe in der Aufspannung nach dem Räumvorgang vorliegen. Die Übertragbarkeit auf einen festen Grundkörper in Bezug zum Anwendungsfall ist daher gewährleistet.

Die Messungen der Sensoren 3, 4 und 5 zeigten darüber hinaus, dass auch thermische Effekte einen Einfluss auf die elastische Werkstückverformung haben. Im Anschluss an den Austritt der Werkzeugschneide bei t_c = 1,9 s ist deutlich das charakteristische asymptotisches Abklingverhalten in Folge einer thermischen Ausdehnung zu erkennen. Die in der Zerspanung ins Werkstück eingebrachte Wärmeenergie führt demnach zu einer thermischen Erwärmung und folglich zu einer thermischen Ausdehnung des Werkstücks. Im Anschluss an den Werkzeugaustritt (F_c = 0 N) ist die verbleibende Werkstückverformung folglich auf rein thermische Ursachen zurückzuführen.

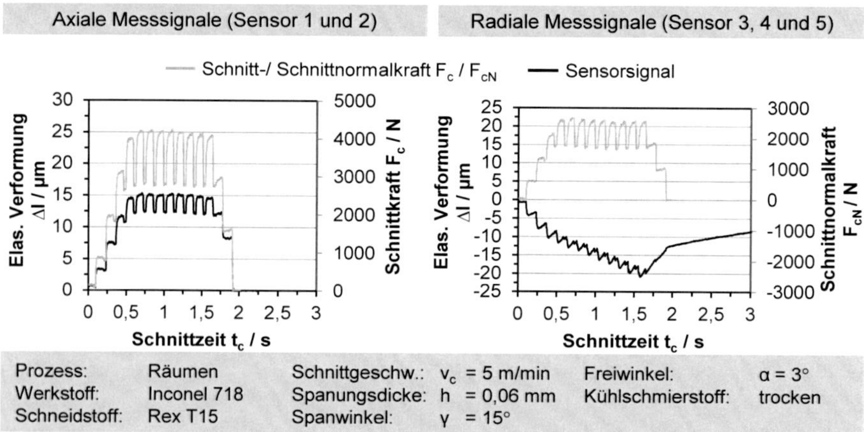

Abbildung 4-10: Bewertung der axialen und radialen Wirbelstromsensoren

Evaluation of Axial and Radial Eddy Current Sensors

Es liegt folglich eine Superposition mechanischer und thermischer Effekte vor, welche sich zudem gegenseitig beeinflussen. Für die weiteren Analysen werden auf Basis der Erkenntnisse aus den dargestellten Versuchsergebnissen die folgenden zwei Annahmen getroffen:

- Es wird die Annahme getroffen, dass keine plastische Werkstückverformung stattfindet. Die Messergebnisse der axialen Werkstückverformung sowie die Inbetriebnahme zeigten ein rein elastisches Werkstückverhalten, wodurch die Annahme unterstützt wird.
- Thermisch eingebrachte Wärmeenergie ist neben der mechanischen Belastung eine weitere Einflussgröße auf die elastische Werkstückverformung. Für eine systematische Untersuchung werden beide Effekte separat analysiert. Es wird die Annahme getroffen, dass eine thermische Entfestigung des Werkstoffs und

ein damit einhergehender Kraftabfall nicht signifikant ist, da die Nickelbasislegierung Inconel 718 bis zu einer Temperatur von T = 650 °C konstante Festigkeitswerte aufweist, vgl. Kapitel 4.2 Werkstoffcharakterisierung.

Zur abschließenden Bewertung der Übertragbarkeit wurde die Profilgeometrie einer zerspanten Werkstückprobe in Schnittrichtung gemessen. Dafür wurde ein taktiles Messgerät vom Typ MarTalk der Fa. MAHR GMBH verwendet, welche eine vertikale Auflösungsgenauigkeit von 0,04 µm aufweist. Der Radius der verwendeten Tastspitze betrug 25 µm. Gemessen wurde über die gesamte Werkstückhöhe von H = 30 mm. Abbildung 4-11 zeigt die Ergebnisse der Werkstückvermessung.

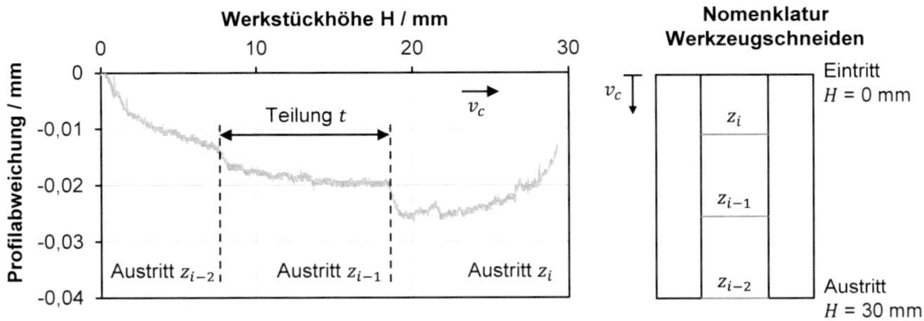

Prozess:	Räumen	Teilung:	t = 11 mm	Räumlänge:	l_R = 30 mm
Werkstoff:	Inconel 718	Schnittgeschw.:	v_c = 5 m/min	Messgerät:	Mahr MarTalk
Schneidstoff:	Rex T15	Spanungsdicke:	h = 0,06 mm	Messmethode:	taktil

Abbildung 4-11: Taktile Vermessung der Profilgeometrie in Schnittrichtung

Tactile Measurement of the Profile Geometry in the Cutting Direction

Es ist deutlich zu erkennen, dass die Zerspanuntersuchungen im Analogieprozess zu einer tonnenförmigen Ausprägung des Profils in Schnittrichtung geführt haben. Dabei ist anzumerken, dass das gemessene Profil manuell auf den Anfangswert von Null gesetzt wurde, da ohne konkreten Anfangswert allein eine relative Erfassung der Profilgenauigkeit möglich war. Es wird jedoch deutlich, dass die elastischen Verformungen in der Eintritts- und Austrittphase des Werkzeuges maximal waren. An diesen Stellen ist der Widerstand der Werkstückprobe gegen radiale Verformung deutlich geringer und es findet eine größere elastische Abdrängung statt. Als Folge wird in diesen Bereichen weniger Werkstoff zerspant. Des Weiteren sind die Zeitpunkte entlang der Werkstückhöhe zu erkennen, an denen ein Wechsel zwischen der Anzahl der sich im Eingriff befindenden Schneiden stattfand. Während des Räumvorgangs sind bei der vorliegenden Parameterkombination aus Werkzeugteilung und Werkstückhöhe drei Werkzeugschneiden im Eingriff. Per Definition werden die Schneiden als z_i für die Letzte, z_{i-1} als erste vorlaufende Schneide sowie z_{i-2} als zweite vorlaufende Schneide bezeichnet. Die Profilabweichung ist auf die tatsächliche Spanungsgeometrie der letzten austretenden Schneide z_i zu beziehen. Durch die Austritte der zweiten vorlaufenden (z_{i-2}) sowie der ersten vorlaufenden Werkzeugschneide (z_{i-1}) sank die mechanische Belastung sprunghaft ab und das elastische verformte Werkstück federte zurück.

Die effektive Spanungsdicke der letzten Werkzeugschneide nimmt folglich mit jedem vorlaufenden Zahnaustritt zu. Es wird mehr Werkstoff zerspant und die Profilabweichung nimmt zu. Die tonnenförmige Ausprägung des geräumten Profils wurde bereits in vorherigen Forschungsarbeiten nachgewiesen [LANG05; BEJN17] und stellt die charakteristische Geometrieabweichung beim Räumen dar.

Post-Processing der Versuchsdaten für eine effekt-basierte Analyse

In Abbildung 4-10 wird deutlich, dass sowohl mechanische als auch thermische Effekte zu elastischen Verformungen und damit Geometrieabweichungen führen. Für eine systematische und effekt-basierte Analyse der Ursache-Wirkungszusammenhänge ist es daher notwendig, die ermittelten Messsignale der Wirbelstromsensoren im Nachgang weiter zu verarbeiten. Mit den in Kapitel 4.2 getroffenen Annahmen wurde ein Skript innerhalb der Software DIADEM erstellt, welches die Messsignale in einen mechanischen und einen thermischen Anteil aufteilt. Das Ergebnis dieser Signalverarbeitung ist in Abbildung 4-12 beispielhaft dargestellt.

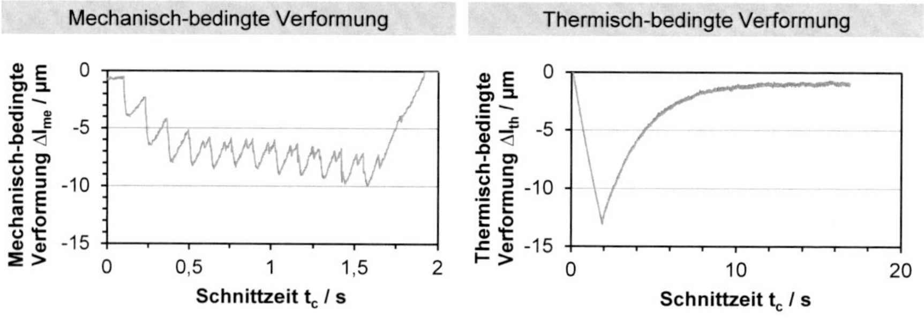

Prozess:	Räumen	Schnittgeschw.:	v_c = 5 m/min	Freiwinkel:	α = 3°
Werkstoff:	Inconel 718	Spanungsdicke:	h = 0,06 mm	Kühlschmierstoff:	trocken
Schneidstoff:	Rex T15	Spanwinkel:	γ = 15°	Sensorposition:	3

Abbildung 4-12: Trennung mechanischer und thermischer Effekte

Separation of Mechanical and Thermal Effects

Mithilfe der Annahmen, dass zum Zeitpunkt des Werkzeugaustritts keine elastische Verformung aufgrund mechanischer Effekte sowie die maximale Deformation aufgrund thermischer Effekte vorliegt, wurden aus dem aufgezeichneten Messsignal zwei getrennte Signale erzeugt. Dafür wurden die höherfrequenten Anteile (Zahnein- und austritte) der mechanischen Belastung zugeordnet. Der thermische Einfluss wurde zwischen den Zeitpunkten des Zahneintritts ($T = T_U$ = 20 °C Umgebungstemperatur) und des Zahnaustritts ($T = T_{max} \triangleq \Delta l = \Delta l_{max}$) linear approximiert. Das thermische Signal beinhaltet folglich das asymptotische Abklingverhalten im Anschluss an den Werkzeugaustritt. In dieser Form können die Messsignale für eine systematische Analyse der mechanischen sowie der thermischen Einflüsse auf das elastische Werkstückverhalten beim Räumen verwendet werden. Abbildung 4-12 zeigt die finale Trennung des obigen Beispiels (Abbildung 4-10) in einen mechanischen und einen thermischen Anteil am Beispiel des Sensors 3. In Kapitel 5 werden auf der Basis empirische Kennwerte eingeführt, welche das Werkstückverhalten während des Räumens quantifizieren.

4.4 Zwischenfazit

Interim Conclusion

In diesem Kapitel wurden zu Beginn die Systemgrenzen und der Betrachtungsrahmen der vorliegenden Arbeit definiert. Dieser bezieht die für das Räumen charakteristischen Werkzeug- und Prozessparameter sowie das Werkstück in Form der Geometrie und der inhärenten Werkstoffeigenschaften mit ein. Die Inbetriebnahme des konzipierten Analogieprüfstands zeigte, dass neben mechanischen auch thermische Effekte einen Einfluss auf das elastische Werkstückverhalten beim Räumen haben. In den folgenden Kapiteln werden daher beide Einflüsse separat analysiert und die jeweiligen Ursache-Wirkungszusammenhänge abgeleitet. Es ist weiterhin bekannt, dass ein fortschreitender Freiflächenverschleiß einen großen Einfluss auf die wirkenden Schnitt- und Schnittnormalkräfte und damit indirekt auf das elastische Werkstückverhalten hat. Eine systematische Untersuchung des Verschleißeinflusses wird in dieser Arbeit nicht durchgeführt. Der Fokus dieser Arbeit liegt auf der Entwicklung einer Methodik zur Prädiktion der Maßhaltigkeit von Profilnuten beim Räumen. Diese kann im Anschluss durch existierende Verschleißmodelle und einer Anpassung des Kraftmodells erweitert werden. Im Rahmen der abschließenden Übertragung der entwickelten Methodik auf den industriellen Anwendungsfall (Kapitel 7.2) wird der Einfluss des Verschleißes auf die finale Maßhaltigkeit stichprobenartig mittels einer Konvergenzanalyse bewertet.

Auf Basis der getroffenen Annahmen werden die Analysen in Kapitel 5 zwischen mechanischen und thermischen Einflüssen unterschieden. In Kapitel 5.5 werden die mechanischen und thermischen Effekte superpositioniert und mit den Ergebnissen der Werkstückvermessung korreliert.

5 Empirische Analyse der elastischen Bauteilverformung beim Räumen

Empirical Analysis of the Elastic Workpiece Deformation in Broaching

In diesem Kapitel werden die Untersuchungen zur empirischen Erfassung der Werkstückverformungen hinsichtlich der mechanisch- und thermisch-bedingten Effekte analysiert. In einem ersten Schritt werden mechanische und thermische Kennwerte definiert, welche das Werkstückverhalten während des Zerspanvorgangs quantifizieren. Im Anschluss werden die Einflüsse der Werkzeug- und Prozessparameter sowohl auf die mechanische sowie die thermisch-bedingte elastische Werkstückverformung analysiert. Auf Basis von messtechnischen Analysen der gefertigten Werkstücke werden die beiden Einflüsse abschließend superpositioniert und mit der erzeugten Maßhaltigkeit korreliert. Die Ergebnisse des folgenden Kapitels wurden in Auszügen bereits veröffentlicht [SEEL22].

5.1 Definition empirischer Bewertungskenngrößen

Definition of Empirical Key Values

In einem ersten Schritt werden die Bewertungskenngrößen definiert, welche das Werkstückverhalten im Prozess quantifizieren und charakterisieren. Nachfolgend bilden diese die Zielgrößen der Versuchsplanung, wodurch die gezielte Analyse einzelner Ursache-Wirkungszusammenhänge ermöglicht wird. Basierend auf der Trennung der mechanischen von den thermischen Effekten aus Kapitel 4.3 werden sowohl mechanische als auch thermische Bewertungsgrößen definiert und analysiert. Zur einheitliche Benennung der Kennwerte wurde eine Systematik entwickelt, welche im weiteren Verlauf der Arbeit Anwendung findet (Tabelle 5-1). Es wird folglich zwischen axialer und radialer Verformungsrichtung, der Position des Sensors am Werkstück, der Ursache der elastischen Verformung bzw. Ausdehnung sowie einer zeitlichen Komponente unterschieden. Im folgenden Abschnitt werden zunächst die Kennwerte zur Beschreibung der mechanischen und anschließend die der thermischen Effekte definiert.

Tabelle 5-1: Systematik zur Benennung der Bewertungsgrößen

Systematic for Naming the Characteristic Values

Kennwert	Ausprägungen	Beschreibung
$\Delta l_{n_p}^{j_i}$	$j \in \{ax, rad\}$	axial / radial (Verformungsrichtung)
	$i \in \{1, 2, 3, 4, 5\}$	Position des Sensors
	$n \in \{me, th\}$	mechanisch / thermisch (Ursache)
	$p \in \{0, s, ges\}$	initial / zeitabhängig / gesamt

Bewertungsgrößen der mechanisch-bedingten Werkstückverformung

Zur systematischen Untersuchung der zu Geometrieabweichungen führenden Werkzeug- und Prozessparameter ist eine detaillierte Analyse der Sensorsignale notwendig. In Abbildung 5-1 sind die fünf Signale der Wirbelstromsensoren an den verschiedenen Messpositionen dargestellt, welche um den thermischen Einfluss bereinigt wurden. Das Diagramm zeigt die elastische Werkstückverformung Δl_{me} aufgetragen über die Schnittzeit t_c sowie den Schnitt- und Schnittnormalkraftverlauf F_c bzw. F_{cN}. Der dargestellte Signalverlauf ist repräsentativ für sämtliche Versuche. Es wurden über alle Versuchspunkte hinweg keinerlei Abweichungen von dieser Signalcharakteristik festgestellt.

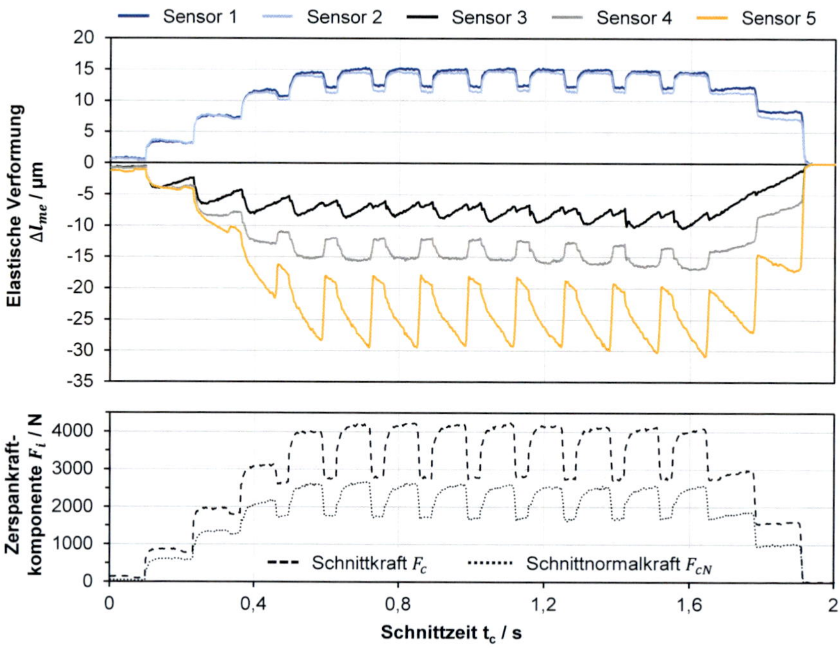

Prozess:	Räumen	Schnittgeschw.:	v_c = 5 m/min	Freiwinkel:	α = 3°
Werkstoff:	Inconel 718	Spanungsdicke:	h = 0,06 mm	Kühlschmierstoff:	trocken
Schneidstoff:	Rex T15	Spanwinkel:	γ = 15°	Sensorposition:	1, 2, 3, 4, 5

Abbildung 5-1: Mechanische Werkstückverformung an den fünf Messpositionen

Mechanical Workpiece Deformation at the Five Measuring Positions

Ein positiver Messwert $\Delta l > 0$ bedeutet eine Vergrößerung des Abstands zwischen Werkstück und Sensor und zeigt folglich die Verformungsrichtung des Werkstücks an. Bei den Kennwerten zur Bewertung der mechanischen Werkstückverformung wird zwischen der axialen und der radialen Verformung unterschieden, auf die nachfolgend getrennt eingegangen wird. Die positiven Messsignale von Sensor 1 und 2 bedeuten eine Verformung des Werkstücks um den Betrag Δl in Richtung der wirkenden Schnittkraft F_c. Die negativen Messwerte der Sensoren 3, 4 und 5 spiegeln die Abdrängung des Werkstücks in Richtung der wirkenden Schnittnormalkraft F_{cN} wider (vgl. Abbildung 4-8). Im vorliegenden Fall sind bei gegebener Werkzeugteilung (t = 11 mm) und Werkstückhöhe (H = 30 mm) maximal drei Schneiden parallel im Eingriff. Es ist zu erkennen, dass die Werkstückverformung analog zum für das Räumen charakteristischen Kraftverlauf zu Beginn ansteigt bis alle drei Schneiden im Eingriff sind. Anschließend zeigt sich ein charakteristisches und periodisches Verhalten zwischen den ein- und austretenden Werkzeugschneiden. Das Signal zeigt zudem deutlich, dass der Wert der maximalen Werkstückverformung auf einem konstanten Niveau bleibt. Daraus folgt, dass kein sich dynamisch verstärkender Effekt zwischen der elastischen Werkstückabdrängung beim Werkzeugein- und -austritt und der Rückfederung stattfindet.

Kennwerte zur Beschreibung axialer Werkstückverformungen

Zur Quantifizierung der axialen Werkstückverformung in Richtung der wirkenden Zerspankraft wurden zwei Wirbelstromsensoren (Sensor 1 und Sensor 2) an der Werkstückoberfläche platziert (vgl. Abbildung 4-8). Ein für beide Sensoren exemplarisches Signal ist in Abbildung 5-2 für einen einzelnen Schnittvorgang dargestellt. Der erste definierte Kennwert ist die mechanisch-bedingte Gesamtverformung $\Delta l_{me_{ges}}$, welche vorliegt, sobald die maximale Anzahl an Schneiden gleichzeitig im Eingriff ist.

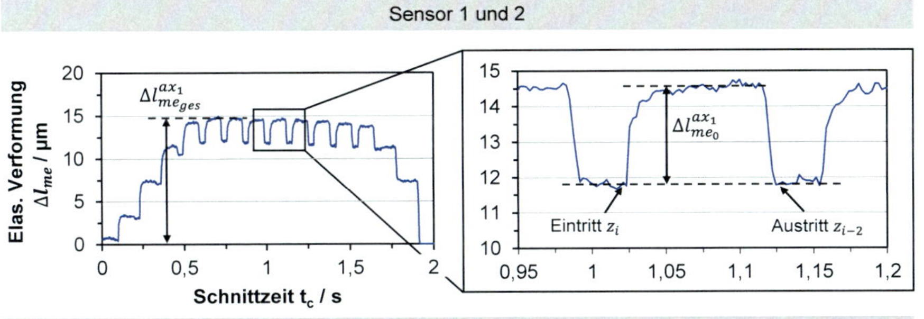

Prozess:	Räumen	Schnittgeschw.:	v_c = 5 m/min	Freiwinkel:	α = 3°
Werkstoff:	Inconel 718	Spanungsdicke:	h = 0,06 mm	Kühlschmierstoff:	trocken
Schneidstoff:	Rex T15	Spanwinkel:	γ = 15°	Sensorposition:	1, 2

Abbildung 5-2: Kennwerte zur Beschreibung der axialen Werkstückverformung

Characteristic Values for Describing Axial Workpiece Deformation

Für das dargestellte Beispiel liegt die elastische Gesamtverformung auf Basis mechanischer Effekte bei $\Delta l^{ax_1}_{me_{ges}}$ = 14,5 µm. Auf Basis der oben eingeführten Systematik ist der Kennwert für die gemessene maximale Gesamtverformung an der Position von Sensor 2 als $\Delta l^{ax_2}_{me_{ges}}$ definiert.

Neben der Analyse der maximalen Gesamtverformung können die Sensorsignale auch hinsichtlich der Interdependenzen zwischen den einzelnen Werkzeugschneiden analysiert werden. Dies ermöglicht die Analyse der Auswirkungen des stoßartigen und periodischen Zahnein- und -austritts auf das Werkstückverhalten. Während dem Räumvorgang sind bei der vorliegenden Parameterkombination aus Teilung und Werkstückhöhe drei Werkzeugschneiden im Eingriff. Per Definition werden die Schneiden im Folgenden als z_i für die Letzte, z_{i-1} als erste vorlaufende Schneide sowie z_{i-2} als zweite vorlaufende Schneide bezeichnet. Die gemessene Werkstückverformung tritt unmittelbar zum Zeitpunkt des Eintritts der Werkzeugschneide z_i auf und bleibt bis zum Austritt der zweiten vorlaufenden Schneide z_{i-2} konstant. Sowohl das Signal von Sensor 1 im Bereich der Werkstückeinspannung sowie das Signal von Sensor 2 im Bereich der maximalen Auskraglänge weisen diese Charakteristik auf. Als Bewertungskriterium für die Analyse der axialen Werkstückverformung auf Basis mechanischer Effekte der einzelnen Werkzeugschneiden werden folglich neben den Gesamtverformungen $\Delta \mathrm{l}_{\mathrm{me}_{\mathrm{ges}}}^{\mathrm{ax}_1}$ und $\Delta \mathrm{l}_{\mathrm{me}_{\mathrm{ges}}}^{\mathrm{ax}_2}$ die Kennwerte $\Delta l_{me_0}^{ax_1}$ für Sensor 1 und $\Delta l_{me_0}^{ax_2}$ für Sensor 2 als initiale, unmittelbar auftretende Werkstückverformung bei Werkzeugeintritt definiert. Der Index „0“ kennzeichnet dabei den Zeitpunkt des Zahneintritts.

Kennwerte zur Beschreibung radialer Werkstückverformungen

Für das Räumen von Profilnuten ist insbesondere die radiale Werkstückverformung relevant, da diese die Abdrängung des Profilstegs und somit unmittelbar die Abweichung zwischen nomineller und tatsächlicher Spanungsdicke quantifiziert. Es wird die Annahme getroffen, dass insbesondere die radialen Verformungen beim industriellen Anwendungsfall zu Form- und Maßabweichungen führen, da axiale Verformungen in Schnittrichtung nicht zu einer Veränderung der effektiven Spanungsdicke führen.

Die Bewertungskriterien für die Sensoren 3, 4 und 5 zur Quantifizierung der radialen Werkstückverformung können aus den Diagrammen in Abbildung 5-3 abgeleitet werden. Die Sensoren 3, 4 und 5 sind an der Werkstückrückseite platziert, wobei Sensor 3 im Bereich des Zahneintritts, Sensor 4 im Bereich der Werkstückmitte und Sensor 5 im Bereich des Zahnaustritts positioniert ist (vgl. Abbildung 4-8). Die radiale Werkstückverformung findet in Richtung der wirkenden Schnittnormalkraft F_{cN} statt, wodurch sich das Werkstück in Richtung der messenden Sensoren verformt. Da die Wirbelstromsensoren als Messsignal eine relative Abstandsmessung ausgeben, wiesen die drei radialen Sensoren negative Werte für die elastische Werkstückverformung auf (Δl < 0). Für die nachfolgende Analyse der Ursache-Wirkungszusammenhänge wird jeweils der Betrag der definierten Kennwerte verwendet. Die reale zerspante Spanungsdicke ergibt sich aus der nominellen Spanungsdicke abzüglich der elastischen Werkstückverformung Δl.

Analog zur axialen Verformung wird die maximale Gesamtverformung in radialer Richtung mittels der Kenngrößen $\Delta l_{me_{ges}}^{rad_3}$ (Sensor 3), $\Delta l_{me_{ges}}^{rad_4}$ (Sensor 4) und $\Delta l_{me_{ges}}^{rad_5}$ (Sensor 5) bewertet. Die Gesamtverformung ist dabei auch vom Verschleißzustand der einzelnen Werkzeugschneiden abhängig. Im vorliegenden Beispiel in Abbildung 5-3 wies die letzte Werkzeugschneide eine Verschleißmarkenbreite von VB_{z10} = 100 µm auf. Im Vergleich dazu lag der gemessene Freiflächenverschleiß der Schneiden z = 1 bis z = 9 bei VB_{z1-9} = 40 µm. Ein erhöhter Freiflächenverschleiß der letzten Schneide ist für das Räumen charakteristisch. Die Austritte der vorlaufenden Schneiden führen zu einer elastischen Rückfederung des Werkstücks, wodurch die effektive Spanungsdicke der letzten Schneide zunimmt. Der aus dem erhöhten Verschleiß resultierende Anstieg der Schnittnormalkraft ist in den Signalen der Wirbelstromsensoren in Form einer höheren elastischen Verformung sichtbar. Für die nachfolgenden Analysen der Gesamtverformung wird ein Mittelwert aus den ersten neun Schneiden herangezogen um einen überproportionalen Einfluss des Werkzeugverschleißes auszuschließen.

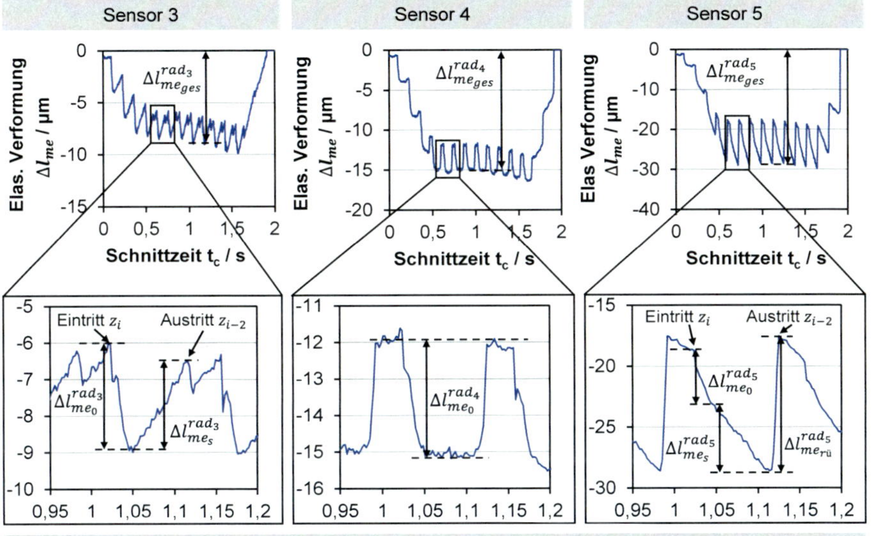

Prozess:	Räumen	Schnittgeschw.:	v_c = 5 m/min	Freiwinkel:	α = 3°
Werkstoff:	Inconel 718	Spanungsdicke:	h = 0,06 mm	Kühlschmierstoff:	trocken
Schneidstoff:	Rex T15	Spanwinkel:	γ = 15°	Sensorposition:	3, 4, 5

Abbildung 5-3: Kennwerte zur Beschreibung der radialen Werkstückverformung

Characteristic Values for Describing Radial Workpiece Deformation

Des Weiteren ist die Höhe der Gesamtverformung von der Anzahl der sich im Eingriff befindenden Schneiden abhängig. Wie bereits in verschiedenen Arbeiten gezeigt wurde, hat der Freiflächenverschleiß einen unterproportionalen Einfluss auf die Schnittkraft F_c im Vergleich zur Schnittnormalkraft F_{cN}. Daher ist in den Signalen der Sensoren 1 und 2 der Verschleißzustand der letzten Werkzeugschneide nicht sichtbar. Die elastischen Interdependenzen zwischen den einzelnen Werkzeugschneiden zeigten in radialer Richtung verschiedene Charakteristika auf. Im Unterschied zur axialen Verformung wiesen diese Messsignale zusätzlich zum initialen auch einen zeitabhängigen Verformungsanteil auf, welcher von der Position der Werkzeugschneide in Bezug zur Werkstückhöhe abhängig war. Das bedeutet für Sensor 3, dass zum Zeitpunkt des Zahneintritts eine initiale Verformung ($\Delta l_{me_0}^{rad_3}$) auftritt, welche im weiteren Verlauf über die Zahneingriffszeit wieder abnimmt ($\Delta l_{me_s}^{rad_3}$). Dies kann durch eine elastische Rückfederung des Werkstücks erklärt werden. Die initiale, durch den stoßartigen Zahneintritt hervorgerufene elastische Werkstückverformung federt im weiteren Schnittverlauf zurück. Dieses Werkstückverhalten wiederholt sich anschließend periodisch mit jedem weiteren Zahneintritt.

Die Charakteristik des Messsignals von Sensor 4 war vergleichbar zu den Signalen von Sensor 1 und 2. Sensor 4 war in radialer Richtung in der Mitte der Werkstückprobe platziert. Das Messsignal kann daher wie folgt interpretiert werden: Zum Zeitpunkt des Zahneintritts von z_i findet eine initiale Werkstückverformung statt ($\Delta l_{me_0}^{rad_4}$), welche über den weiteren Zeitraum der Zerspanung konstant bleibt. Zum Zeitpunkt des Austritts der zweiten vorlaufenden Schneide z_{i-2} federt das Werkstück in die Ausgangslage zurück. Dieser Vorgang wiederholt sich anschließend periodisch mit jedem weiteren Zahneintritt.

Das Messsignal von Sensor 5 im Bereich des Werkzeugaustritts wies einen, im Vergleich zu Sensor 3, umgekehrten Effekt auf. Zunächst ist auffällig, dass auch Sensor 5 eine initiale elastische Werkstückverformung ($\Delta l_{me_0}^{rad_5}$) beim Zahneintritt (in Position 3) detektiert. Es gilt zu analysieren, ob der Zahneintritt zu einer uniformen Werkstückverlagerung in radialer Richtung oder zu einer Verkippung in Schnittrichtung führt. Im Unterschied zum Werkstückverhalten beim Zahneintritt nimmt die elastische Verformung im Bereich des Zahnaustritts im Anschluss kontinuierlich zu. Zum Zeitpunkt des Zahnaustritts ist die gemessene Werkstückverformung an Sensor 5 maximal ($\Delta l_{me_s}^{rad_5}$). Unmittelbar nach dem Austritt der Werkzeugschneide springt das Sensorsignal auf das Ursprungsniveau zurück. Es findet folglich eine rein elastische Werkstückverformung mit anschließender Rückfederung auf das Ausgangsniveau statt. Auch dieser Vorgang wiederholt sich periodisch mit jeder weiteren Werkzeugschneide.

Abbildung 5-4 zeigt die quantitativen Werte der definierten Bewertungsgrößen für das vorliegende Beispiel. Das linke Diagramm zeigt die Gesamtverformung für die fünf Wirbelstromsensoren. Es ist ersichtlich, dass keine signifikanten Unterschiede zwischen Sensor 1 und Sensor 2 gemessen wurden. Die Gesamtverformung in radialer Richtung nimmt zwischen Ein- und Austritt der Werkzeugschneide kontinuierlich zu. Dies ist auf den erläuterten, zeitabhängigen Anteil zurückzuführen. Es ist zu erkennen, dass die initiale Verformung bei Zahneintritt für die Sensorpositionen 1, 2 und 3 vergleichbar war ($\Delta l_{me_0}^{ax_1} \approx \Delta l_{me_0}^{ax_2} \approx \Delta l_{me_0}^{rad_3} \approx$ 2,6 µm). Der Effekt des Zahneintritts nimmt mit steigendem Abstand zum Ort des Eintritts leicht zu. Die Messwerte der Sensoren 4 und 5 liegen bei $\Delta l_{me_0}^{rad_4}$ = 3,14 µm und $\Delta l_{me_0}^{rad_5}$ = 3,28 µm. Dies lässt auf eine Verkippung des Werkstücks schließen, welche durch den Zahneintritt hervorgerufen wird. Diese Verkippung verstärkt sich im nachfolgenden Zerspanvorgang. Während das Werkstück im Bereich des Zahneintritts zurückfedert und schließlich zur Ausgangslage zurückkehrt ($\Delta l_{me_s}^{rad_3}$ = -2,3 µm), nimmt die elastische Werkstückverformung in Richtung des Werkzeugaustritts zu. Zum Zeitpunkt des Werkzeugsaustritts liegt die durch den einzelnen Zahn erzeugte elastische Verformung bei $\Delta l_{me_0}^{rad_5} + \Delta l_{me_s}^{rad_5}$ = 7,9 µm. Die steigende elastische Verformung mit abnehmendem Abstand der Werkzeugschneide zum Werkzeugaustritt kann durch die kontinuierliche Abnahme des Werkstückwiderstands in Richtung der Werkstückunterseite erklärt werden.

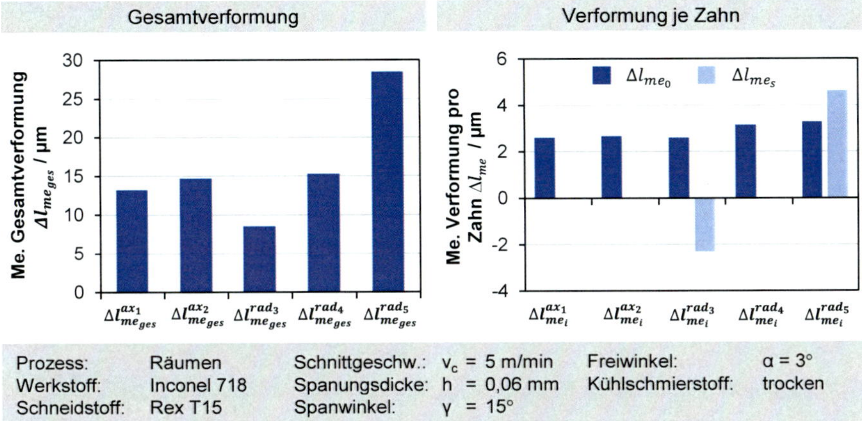

Abbildung 5-4: Vergleich der definierten Bewertungsgrößen

Comparison of the Defined Characteristic Values

Für die Analyse der Maßgenauigkeit der erzeugten Werkstückgeometrie sind insbesondere die radial-messenden Sensoren von Interesse sind, da diese die Abdrängung des Werkstücks aus dem Schnitt widerspiegeln. Es wird die Annahme getroffen, dass sich das nominell mit einem Räumhub zu zerspanende Volumen um den Betrag der maximalen Gesamtverformung reduziert und in einem absoluten Maßfehler resultiert. Aus diesem Grund sind für die Bewertung der elastischen Effekte beim Räumen die folgenden Kennwerte signifikant und werden im nachfolgenden Kapitel detailliert analysiert:

- $\Delta l_{me_{ges}}^{rad_3}$ – Gesamtverformung am Werkzeugeintritt (Sensor 3)
- $\Delta l_{me_{ges}}^{rad_4}$ – Gesamtverformung im Schnitt (Sensor 4)
- $\Delta l_{me_{ges}}^{rad_5}$ – Gesamtverformung am Werkzeugaustritt (Sensor 5)

Die Interdependenzen zwischen den einzelnen Werkzeugschneiden, welche auf eine periodische Verkippung des Werkstücks während des Räumprozesses schließen lassen, könnten die Ursache für Form- und Profilfehler sein. Die Tatsache, dass die elastische Werkstückverformung in der Mitte der Probe (Sensor 4) bei gleichbleibender Zähnezahl konstant ist, lässt auf eine periodische Bewegung des Werkstücks um die Mittellage schließen. Für die nachfolgende Analyse der Maßhaltigkeit werden daher die folgenden Kennwerte verwendet, da diese den Zustand der Werkstückverformung zum Zeitpunkt der Spanabnahme in dem jeweiligen Bereich widerspiegeln:

- $\Delta l_{me_0}^{rad_3}$ – Initiale Werkstückverformung beim Zahneintritt, definiert den Betrag um welchen sich die nominelle Spanungsdicke je Schneide nach dem Eintritt reduziert
- $\Delta l_{me_0}^{rad_4}$ – Konstante Werkstückverformung während dem Räumvorgang, definiert den Betrag um welchen sich die nominelle Spanungsdicke je Schneide während des Räumens reduziert
- $\Delta l_{me_0}^{rad_5} + \Delta l_{me_s}^{rad_5}$ – Initiale und zeitabhängige Werkstückverformung im Bereich des Zahnaustritts, quantifiziert die Werkstückverformung während der Spanabnahme und folglich die effektive Spanungsdicke beim Werkzeugaustritt

Da axiale Werkstückverformungen die reale Spanungsdicke nicht direkt beeinflussen, wird der Fokus der Grundlagenuntersuchungen im Analogieprozess auf die Messwerte der radial-messenden Sensoren gelegt. Es ist jedoch nicht auszuschließen, dass axiale Effekte dennoch eine Ursache für spätere Fehlerbilder an der Profilnutgeometrie sind, da beim Räumen mit Profilwerkzeugen auch Überlagerungen axialer und radialer Effekte auftreten.

Bewertungsgrößen der thermisch-bedingten Werkstückverformung

In Abbildung 5-5 sind die Messsignale der fünf Wirbelstromsensoren dargestellt, welche um den mechanischen Einfluss bereinigt wurden.

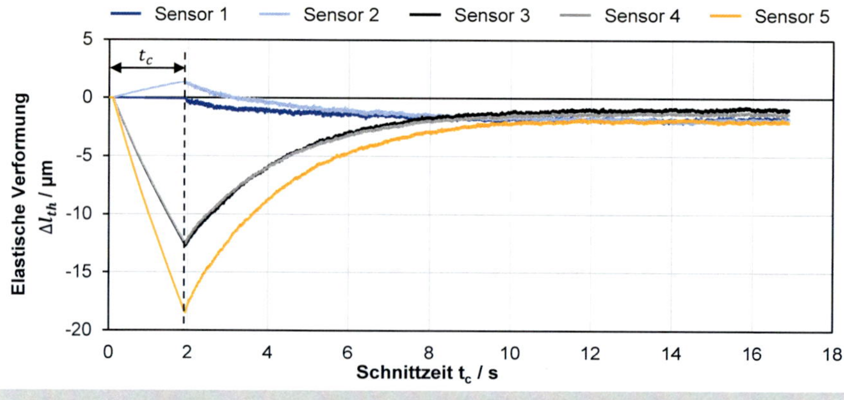

Prozess:	Räumen	Schnittgeschw.:	v_c = 5 m/min	Freiwinkel:	α = 3°
Werkstoff:	Inconel 718	Spanungsdicke:	h = 0,06 mm	Kühlschmierstoff:	trocken
Schneidstoff:	Rex T15	Spanwinkel:	γ = 15°	Sensorposition:	1, 2, 3, 4, 5

Abbildung 5-5: Thermische Werkstückverformung an den fünf Messpositionen

Thermal Workpiece Deformation at the Five Measuring Positions

Im Fall des thermischen Einflusses spiegelt sich das elastische Werkstückverhalten in Form einer thermischen Ausdehnung wieder. Das Diagramm zeigt die thermisch-bedingte Abstandsänderung zwischen Werkstück und Sensor Δl über die Zeit t. Das

Ende des Zerspanvorgangs (Schnittzeit t_c) ist im Diagramm ebenfalls kenntlich gemacht. Zu diesem Zeitpunkt ist die maximale thermische Energie in das Werkstück geflossen.

In Abbildung 5-6 sind die Kennwerte dargestellt, welche das thermische Werkstückverhalten charakterisieren und quantifizieren. Das thermo-elastische Verhalten wird zum einen über die maximale thermische Werkstückverformung $\Delta l_{th_{ges}}$ beschrieben, welche unmittelbar nach dem Austritt des Werkzeugs vorliegt. Die in der Zerspanung aufgebrachte Schnittleistung wurde vollständig in thermische Energie umgesetzt und liegt zu dem Zeitpunkt vollständig verteilt in dem System aus Werkstück, Span, Werkzeug und Kühlschmiermittel vor.

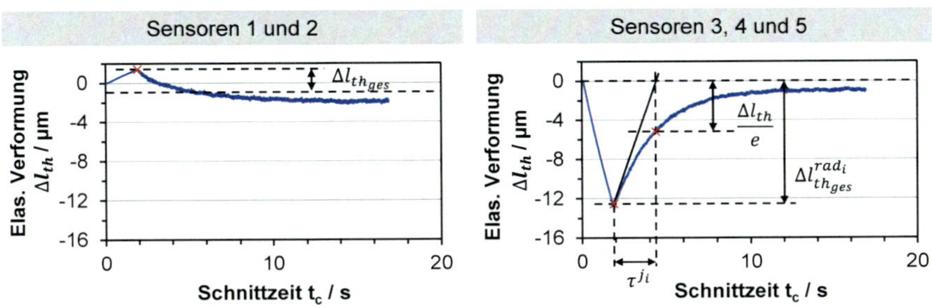

Prozess:	Räumen	Schnittgeschw.:	v_c = 5 m/min	Freiwinkel:	α = 3°
Werkstoff:	Inconel 718	Spanungsdicke:	h = 0,06 mm	Kühlschmierstoff:	trocken
Schneidstoff:	Rex T15	Spanwinkel:	γ = 15°	Sensorposition:	3, 4, 5

Abbildung 5-6: Kennwerte zur Beschreibung der thermisch-bedingten Werkstückverformung

Characteristic Values for Describing Thermal induced Workpiece Deformation

Im Anschluss an den Zerspanvorgang kühlt das Werkstück wieder auf Umgebungstemperatur ab. Diese Abkühlung kann in Form einer exponentiellen Abklingkurve dem Sensorsignal entnommen werden. Zur Quantifizierung der Abkühldauer wurde der Kennwert τ^{j_i} als Zeitdauer definiert, zu welchem die maximale Werkstückverformung auf das $1/e$-fache abgeklungen ist. Dieser Zeitpunkt entspricht dem Schnittpunkt der Tangente der Abkühlkurve mit dem Grenzwert der Verformung. Diese Kennwertdefinition wurde aus der Physik abgeleitet und wird dort als exponentielle Relaxation beschrieben [TIPL15]. Die quantitativen Werte der definierten Kennwerte sind für den vorliegenden Versuch in Abbildung 5-7 dargestellt. Auffällig ist der signifikante Unterschied in der maximalen thermischen Verformung zwischen den axial messenden (1 und 2) und radial messenden Sensoren (3, 4 und 5). Die radiale thermische Verformung ist mit $\Delta l^{rad_3}_{th_{ges}}$ = 12,8 µm um das 7,5-fache größer als die Verformung in axialer Richtung $\Delta l_{th_{ges}}$ = 1,7 µm für Sensor 2. Die Ergebnisse zeigen zudem, dass die gemessene thermische Ausdehnung im Bereich des Werkzeugaustritts (an der Werkstückunterseite) größer als die im Bereich des Eintritts oder der Werkzeugmitte ist. Diese Messergebnisse führen zu der Vermutung, dass innerhalb des Werkstücks ein Temperaturgradient vorliegt, welcher in lokal unterschiedlichen elastischen Werkstückdehnungen resultiert. Dieser Aspekt ist bei der detaillierten Analyse der thermisch-bedingten Werkstückverformung in Kapitel 5.4 zu berücksichtigen. Trotz der quantitativ-unterschiedlichen thermischen Ausdehnungen ist die ermittelte Abkühldauer mit τ = 2,3 s vergleichbar. Eine Abkühldauer für die axialen Sensoren war aufgrund des geringen thermischen Effekts nicht ermittelbar.

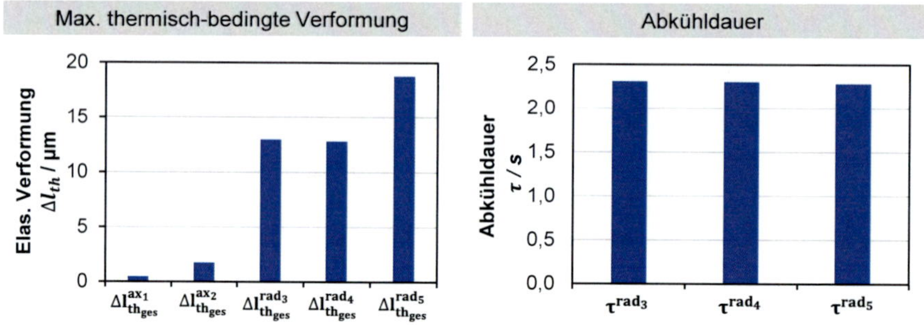

Prozess:	Räumen	Schnittgeschw.:	v_c = 5 m/min	Freiwinkel:	α = 3°
Werkstoff:	Inconel 718	Spanungsdicke:	h = 0,06 mm	Kühlschmierstoff:	trocken
Schneidstoff:	Rex T15	Spanwinkel:	γ = 15°	Sensorposition:	3, 4, 5

Abbildung 5-7: Maximale thermische Verformung und Abkühldauer

Maximum Thermal Deformation and Decay Time

Es gilt zu untersuchen, welchen Einfluss die Werkzeug- und Prozessparameter auf die thermisch-bedingte Ausdehnung und auf die Abkühldauer haben und welche Gestaltungsmaßnahmen für die Reduzierung von Verformungen und folglich Gestaltabweichungen abgeleitet werden können. Aus den dargelegten Zusammenhängen sind für die Bewertung der thermisch-bedingten Effekte beim Räumen die folgenden Kennwerte signifikant und werden systematische in Kapitel 5.4 analysiert:

- $\Delta l^{rad_3}_{th_{ges}}$ – Maximale thermische Werkstückausdehnung am Werkzeugeintritt
- $\Delta l^{rad_5}_{th_{ges}}$ – Maximale thermische Werkstückausdehnung am Werkzeugaustritt
- τ^{rad_3} – Abkühldauer an der Werkstückoberseite (Werkzeugeintritt)
- τ^{rad_5} – Abkühldauer an der Werkstückunterseite (Werkzeugaustritt)

5.2 Experimenteller Untersuchungsrahmen

Die Vielzahl der Einflussgrößen sowie die dargelegte Vielzahl an Bewertungs- und Auswertegrößen erfordert ein systematisches Vorgehen in den empirischen Zerspanversuchen. Um den Einfluss von Werkzeug- und Prozessparametern beim Räumen auf die definierten Kennwerte analysieren zu können, wurden die relevanten Werkzeug- und Prozessparameter gezielt variiert. Wie in Kapitel 2.2 dargelegt wurde, existieren in der Literatur diverse Zerspankraftmodelle für die Räumbearbeitung aus welchen die Variationsgrößen für die empirischen Versuche im folgenden Kapitel abgeleitet werden können. Demnach beeinflussen insbesondere die werkzeugseitigen Einflussgrößen Spanwinkel γ_0 und Spanungsdicke h die Zerspankraft sowie die Krafteinleitungsrichtung. Der Einfluss des Freiwinkels α_0 auf die Zerspankraft ist dem untergeordnet [MAND14; SEIM19]. Die relevanten Einflussgrößen zur Analyse thermischer Effekte wurden basierend auf der im Stand der Technik eingeführten PÉCLET-Zahl definiert und sind insbesondere die Schnittgeschwindigkeit v_c und die Spanungsdicke h. Darüber hinaus beeinflusst die Anzahl der während der Schnittzeit eintretenden Werkzeugschneiden z_i die entstehende Wärmemenge. Es ist zu vermuten, dass das Werkstück zwischen den einzelnen Zahneintritten nicht auf Umgebungstemperatur abkühlt und folglich eine kontinuierliche Erwärmung stattfindet. Es galt zu untersuchen, ob sich ein Gleichgewichtszustand zwischen der zu- und abströmenden Wärmemenge und folglich der thermischen Werkstückausdehnung einstellt. Folgende Prozess- und Werkzeugparameter wurden folglich systematisch variiert:

- Spanungsdicke h
- Spanwinkel γ_0
- Schnittgeschwindigkeit v_c
- Zähnezahl z_i

Der Fokus in diesem Kapitel lag auf der zerspantechnologischen Fragestellung. Der Einfluss der Werkstückgeometrie kann über vorhandene analytische Modelle, wie beispielsweise das Modell des Biegebalkens, eindeutig beschrieben werden und ist Inhalt der Kapitel 6 und 7. Zudem sind die industriellen Geometrievariationen zu vielfältig und zu wenig parametrisiert, um diese systematisch zu variieren. Die Werkstückgeometrie war daher konstant.

Die Prozess- und Werkzeugparameter wurden in einem für die Räumbearbeitung typischen Parameterfenster variiert. Die Spanungsdicke lag im für die Semischlicht- und Schlichtbearbeitung relevanten Bereich. Die Schnittgeschwindigkeit v_c beeinflusst den stoßartigen Eintritt des Werkzeuges und ist insbesondere als einzige prozessseitige Einstellgröße für die Optimierung des Räumprozesses relevant. In den empirischen Untersuchungen war die Spanungsbreite b konstant. Beim Übertrag auf profilabbildende Werkzeuge in Kapitel 6 wurde anstelle der Spanungsdicke der Spanungsquerschnitt A verwendet. Tabelle 5-2 gibt einen Überblick über die untersuchten Parameter und deren Ausprägungen. Die Untersuchungen wurden vollfaktoriell durchgeführt.

Tabelle 5-2: Versuchsparameter für die empirischen Grundlangenversuche

Experimental Parameters for the Empirical Tests

Spanungsdicke h	5 µm	20 µm	40 µm	60 µm	-
Spanwinkel γ_0	5°	10°	15°	-	-
Schnittgeschwindigkeit v_c	3 m/min	5 m/min	7 m/min	10 m/min	15 m/min
Zähnezahl z	10	15	20	-	-

Für die Räumuntersuchungen wurden Werkzeuge aus Schnellarbeitsstahl (HSS) eingesetzt, was dem aktuellen Stand der Technik im Turbinenbau entspricht. Als Substrat wurde Rex T15 PM der Firma CPM eingesetzt, welches den industriellen Standard repräsentiert. Die mechanischen und thermischen Eigenschaften des Substrats können Tabelle 5-3 entnommen werden:

Tabelle 5-3: Mechanische und thermische Eigenschaften des Schneidstoffs [ZAPP19]

Mechanical and Thermal Properties of the Tool Substrate [ZAPP19]

Härte [HRC]	**E-Modul [GPa]**	**Dichte ρ [kg/dm³]**	**Wärmeausdehnungskoeffizient α [mm/mm/K]**	**Wärmeleitfähigkeit λ bei 20 °C [W/(m*K)]**
67 ± 1	214	8,19	11,0 x 10^4	24,2

Die Mikrogeometrie der Versuchswerkzeuge wurde vor den Zerspanversuchen mittels eines Streifenlichtmikroskops vom Typ MikroCAD der Firma LMI TECHNOLOGIES vermessen. Die Auswertung der Vermessung des Schneidkantenradius r_β, des K-Faktors sowie der Schartigkeit S ist in Abbildung 5-8 dargestellt. Die Schneidkanten der Räumwerkzeuge wurden mittels Schleifen mit anschließendem Glasperlenstrahlen hergestellt. Das Nachbehandlungsverfahren wird durchgeführt, um den entstandenen Grat vom Schleifen zu entfernen. Die Versuchswerkzeuge wurden vor der Versuchsdurchführung vermessen und wiesen einen Schneidkantenradius von $r_\beta = 20 \pm 4$ µm auf. Die genaue Kenntnis der Schneidkantenverrundung ist insbesondere für die Versuche mit kleinen Spanungsdicken h = 0,005 mm und h = 0,02 mm hinsichtlich dem Unterschreiten der Mindestspanungsdicke relevant. Der K-Faktor betrug durchgängig $K > 1$, was bedeutet, dass die Schneidkante jeweils leicht in Richtung der Spanfläche geneigt ist [DENK14]. Die Schartigkeit der Werkzeuge, per Definition die Rauheit entlang der Schneidkante, lag zwischen $0{,}75 < S < 1{,}1$ µm.

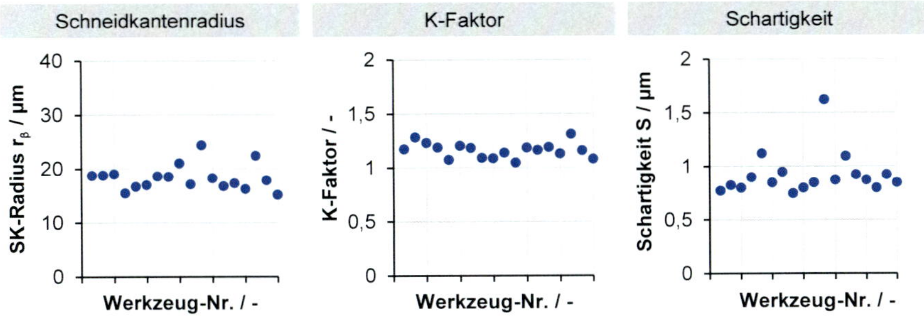

Abbildung 5-8: Auswertung der Mikrogeometrie für alle Versuchswerkzeuge

Evaluation of the Micro Geometry of the Broaching Tools

Der Ausgangszustand der Versuchswerkzeuge ist Abbildung 5-9 zu entnehmen. Die Ausprägung der freiflächenseitigen Verschleißmarkenbreite hat erfahrungsgemäß einen großen Einfluss auf die wirkende Zerspankraft. Das Räumen von Nickelbasislegierungen ist von einem schnell fortschreitenden, initialen Freiflächenverschleiß gekennzeichnet. In vorausgegangen Arbeiten konnte gezeigt werden, dass bereits nach kurzem Schnittweg eine Verschleißmarkenbreite von VB = 30 µm vorlag, welche anschließend über einen definierten Schnittwegbereich als konstant angenommen werden konnte.

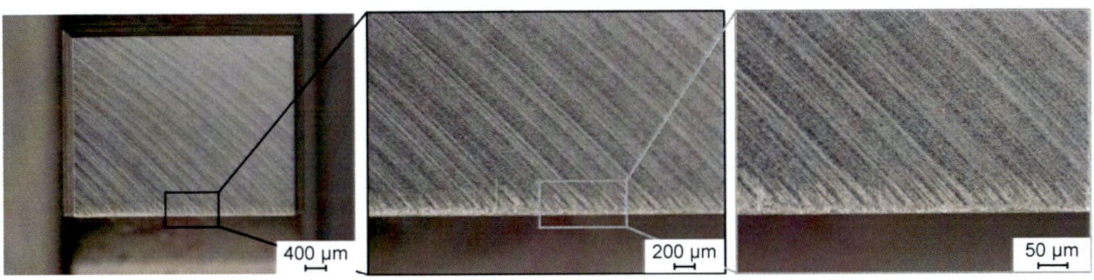

Abbildung 5-9: Ausgangszustand der Versuchswerkzeuge

Initial Condition of the Experimental Tools

Mit den Versuchswerkzeugen wurden aus diesem Grund vor den Zerspanversuchen n = 10 Hübe durchgeführt, was einem Schnittweg von l_c = 300 mm entsprach. Der Verschleißzustand der Versuchswerkzeuge betrug im Anschluss $VB \approx$ 30-40 µm, welcher für die nachfolgenden Versuche als konstant angenommen werden konnte. Regelmäßige Verschleißmessungen während der Untersuchungen konnten diese Annahme bestätigen. Der maximal zulässige Schnittweg für diese Annahme wurde zu l_c = 2 m definiert.

5.3 Mechanisch-bedingte Werkstückverformung beim Räumen

Mechanical Induced Elastic Effects in Broaching

Im folgenden Kapitel werden die Ergebnisse der zerspantechnologischen Versuche dargestellt. Dafür wurden die in Kapitel 5.1 definierten mechanischen Kennwerte ausgewertet und der Einfluss der Werkzeug- und Prozessparameter bewertet. Zuerst wird die gemessene maximale Gesamtverformung analysiert. Anschließend werden die Interdependenzen der einzelnen Werkzeugschneiden bewertet. Ziel ist die Identifikation der relevanten Einflussgrößen auf die mechanisch-bedingte elastische Werkstückverformung.

Analyse der maximalen Gesamtverformung

Aus Abbildung 5-1 wurde deutlich, dass die die Zähnezahl z keinen Einfluss auf die mechanisch-bedingte Verformung hat. Sobald die maximale Anzahl der sich gleichzeitig im Eingriff befindenden Werkzeugschneiden erreicht wurde, stellte sich ein periodisch schwankender Gleichgewichtszustand ein, wobei der Wert der maximalen Gesamtverformung konstant blieb. Im folgenden Unterkapitel wird daher der Fokus auf den Werkzeug- und Prozessgrößen Spanungsdicke, Spanwinkel und Schnittgeschwindigkeit gelegt, da diese einen direkten Einfluss auf die wirkende Zerspankraft haben. Die Zähnezahl wurde mit z = 10 konstant gehalten. In Abbildung 5-10 ist die gemessene maximale Gesamtverformung während des Schnittes über die drei Positionen entlang der Werkstückhöhe in Abhängigkeit von der Spanungsdicke bei konstanter Schnittgeschwindigkeit v_c sowie konstantem Spanwinkel γ dargestellt.

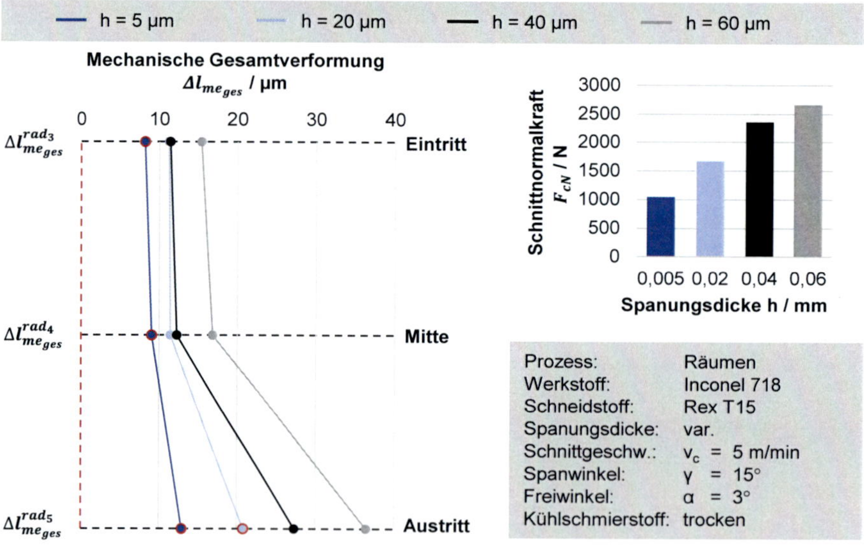

Abbildung 5-10: Einfluss der Spanungsdicke auf die Gesamtverformung entlang der Profilhöhe

Influence of the Chip Thickness on the Deformation along the Profile Height

Es ist deutlich zu erkennen, dass die gemessene elastische Werkstückverformung im Verlauf vom Eintritt zum Austritt signifikant zunimmt. Dies kann mit dem zum Austritt geringer werdenden Werkstoffwiderstand begründet werden. Sowohl bei Sensor 3 im Eintritt als auch bei Sensor 5 im Austritt lag die maximal gemessene Verformung zu dem Zeitpunkt vor, wenn die Werkzeugschneide in diesem Bereich im Eingriff war (vgl. Abbildung 5-3). Es ist daher zu vermuten, dass der nominelle Spanungsquerschnitt durch den Betrag der maximalen Verformung reduziert wird. Eine Korrelation mit der gefertigten Maßhaltigkeit findet in Kapitel 5.4 statt, da dafür eine Superposition mechanischer und thermischer Effekte notwendig ist. Aus Abbildung 5-10 ist ersichtlich, dass der Unterschied in der Werkstückverformung zwischen Ein- und Austritt mit steigender Spanungsdicke zunimmt. Die gemessene Schnittnormalkraft bei einer Spanungsdicke von h = 0,06 mm lag bei F_{cN} = 2.661 N und damit um ca. 155 % höher als die Schnittnormalkraft bei h = 0,005 mm (F_{cN} = 1039 N). Die Zerspankraft war dabei über den gesamten Bereich des Eingriffs konstant (vgl. Abbildung 5-1). Die gemessene elastische Werkstückverformung im Bereich des Werkzeugeintritts für eine Spanungsdicke von h = 0,005 mm lag bei $\Delta l_{me_{ges}}^{rad_3}$ = 8,26 µm. Die um 155 % höhere Schnittnormalkraft für h = 0,06 mm resultierte in einer um 87 % höheren elastischen Werkstückverformung. Im Bereich des Werkzeugaustritts lag dieser Unterschied dagegen bei 181 %. Während der Anstieg der Schnittnormalkraft im vorliegenden Parameterbereich annährend linear war (vgl. Abbildung 5-10 rechts), stieg die elastische Werkstückverformung entlang der Werkstückhöhe überproportional. Der Darstellung sind darüber hinaus zwei weitere auffällige Punkte zu entnehmen und Rot kenntlich gemacht. Zum einen lag der Betrag der elastischen Werkstückverformung für h = 0,005 mm dauerhaft oberhalb der nominellen Spanungsdicke. Eine Folge davon könnten absolute Maßfehler sein, da die Anzahl der zerspanenden Schneiden von der nominellen Anzahl abweicht. Der zweite kritische Punkt war der Austritt des Werkzeuges mit einer Spanungsdicke von h = 0,02 mm. Auch an diesem Punkt wurde eine im Vergleich zur nominalen Spanungsdicke größere elastische Verformung gemessen.

Abbildung 5-11 zeigt den maximalen Betrag der Werkstückverformung in Abhängigkeit vom Spanwinkel für die drei Spanungsdicken h = 0,02 mm; 0,04 mm und 0,06 mm bei konstanter Schnittgeschwindigkeit (v_c = 5 m/min). Insbesondere bei einer Spanungsdicke von h = 0,06 mm ist auffällig, dass eine durch den größeren Spanwinkel hervorgerufene Kraftreduktion in einer Parallelverschiebung der Werkstückkennlinie in Richtung kleinerer Verformungen resultiert. Die gemessene Schnittnormalkraft lag für einen Spanwinkel von γ_0 = 5° bei F_{cN} = 3498 N, für γ_0 = 15° bei F_{cN} = 2661 N und damit um 23 % niedriger. Diese Kraftreduktion führte zu einer Minimierung der maximalen Gesamtverformung um 33% (7,7 µm) im Bereich vom Werkzeugeintritt und um 23 % (11,25 µm) im Bereich des Werkzeugaustritts. Bei einer Spanungsdicke von h = 0,005 mm war trotz einer Kraftreduktion von F_{cN} = 2122 N für γ_0 = 5° auf F_{cN} = 1668 N für γ_0 = 15° kein Einfluss auf die elastische Werkstückverformung im Bereich des Werkzeugeintritts festzustellen. Lediglich eine leichte Reduktion im Bereich des Austritts konnte gemessen werden. Bei einer Spanungsdicke von h = 0,04 mm konnte durch die Erhöhung des Spanwinkels auf γ_0 = 10° kein minimierender Effekt erzielt werden. Eine Erhöhung auf γ_0 = 15° führte wiederum zu einer Parallelverschiebung der gemessenen Werkstückverformung.

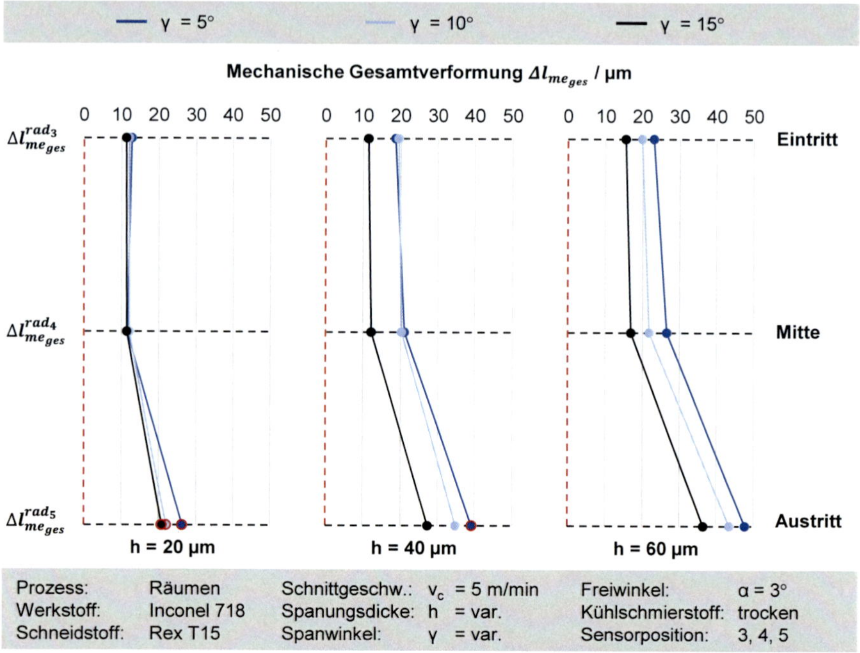

Abbildung 5-11: Einfluss des Spanwinkels auf die Gesamtverformung entlang der Profilhöhe

Influence of the Rake Angle on the Elastic Deformation along the Profile Height

In Abbildung 10-1 ist des Weiteren der Einfluss der Schnittgeschwindigkeit auf die maximale Gesamtverformung dargestellt. Er ist ersichtlich, dass die Schnittgeschwindigkeit einen untergeordneten Einfluss auf das elastische Werkstückverhalten aufwies. Lediglich bei großen Spanungsdicken konnte durch eine Erhöhung der Schnittgeschwindigkeit von v_c = 3 m/min auf v_c = 7 m/min eine leichte Reduktion der Verformung gemessen werden. Hinsichtlich der Werkzeug- und Prozessparameter haben die Analogieversuchen und die Auswertung der mechanischen Effekte insbesondere den großen Einfluss der Spanungsdicke bestätigt. Der überproportionale Einfluss der Spanungsdicke bei konstanter Spanungsbreite auf die Schnitt- und Schnittnormalkraft und folglich auf die elastische Werkstückverformung wurde aus der Auswertung der Gesamtverformung ersichtlich. Des Weiteren wurden die Effekte einer Spanwinkelvariation bzw. Schnittgeschwindigkeitsvariation deutlich.

In Abbildung 5-12 ist ein Haupteffektdiagramm zwischen der Schnittkraft bzw. der Schnittnormalkraft und der Werkstückverformung am Ein- und Austritt über sämtliche Versuchspunkte dargestellt. Neben einer deutlichen linearen Korrelation zwischen steigender Kraft und zunehmender Abdrängung ist auch eine große Streuung der Punkte zu erkennen.

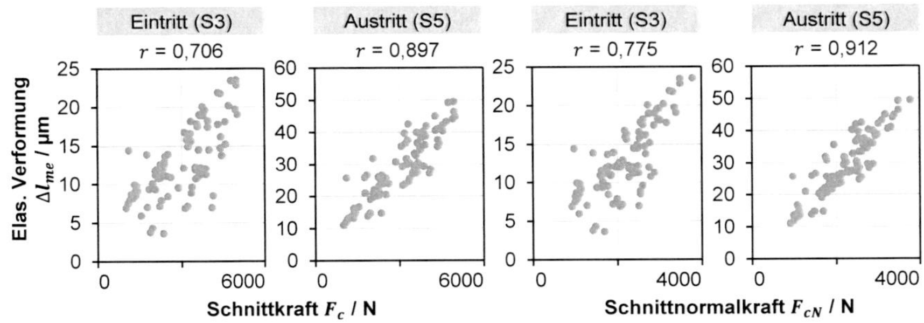

Abbildung 5-12: Korrelation zwischen den Zerspankraftkomponenten und der elastischen Werkstückverformung am Ein- und Austritt

Correlation between the Cutting Force Components and the Elastic Workpiece Deformation at the Tool Entry and Exit

Die ermittelten Korrelationskoeffizienten zwischen Schnitt- und Schnittnormalkraft und der elastischen Deformation am Werkzeugeintritt lagen lediglich bei r = 0,706 bzw. r = 0,775. Dies kann auf weitere zerspantechnologischen Effekte beim Werkzeugeintritt, wie beispielsweise Spanbildungseffekte, zurückgeführt werden, die sich nicht in der Zerspankraft widerspiegeln. Im Vergleich dazu betrugen die Korrelationskoeffizienten zwischen Schnitt- und Schnittnormalkraft und der elastischen Werkstückverformung am Werkzeugaustritt r = 0,897 bzw. r = 0,912. Im Bereich vor dem Werkzeugaustritt befindet sich das Werkzeug annähernd im kontinuierlichen Schnitt, weshalb die Korrelation zwischen Verformung und mechanischer Belastung sehr hoch ist. Insbesondere die Schnittnormalkraft ist folglich dafür geeignet, die elastische Werkstückverformung beim Werkzeugaustritt gut zu prognostizieren.

Zur detaillierteren Analyse der zerspantechnologischen Effekte werden im nachfolgenden Abschnitt die Interdependenzen zwischen den einzelnen Werkzeugschneiden analysiert.

Interdependenzen zwischen den einzelnen Werkzeugschneiden

Im nachfolgenden Unterkapitel wird zuerst der Effekt des Werkzeugeintritts auf das Werkstückverhalten analysiert sowie der Einfluss auf vor- und nachlaufende Werkzeugschneiden bewertet. Im Anschluss wird analog dazu das Werkstückverhalten im Bereich des Zahnaustritts untersucht. Wie in Kapitel 5.1 bereits erläutert, unterscheidet sich das Werkstückverhalten in Abhängigkeit von der Sensorposition während des Zerspanvorgangs und gegenläufige Effekte zwischen Ein- und Austrittsseite resultieren in einer stetig wiederkehrenden Verkippung des Werkstücks.

In Abbildung 5-13 sind die Sensorsignale beim Zahneintritt (Sensorposition 3) für die vier untersuchten Spanungsdicken, eine Schnittgeschwindigkeit von v_c = 5 m/min und einen Spanwinkel von γ_0 = 15° dargestellt. Wie im Vorgang erläutert, wurden die Rohsignale in einen mechanischen und einen thermischen Anteil separiert, wobei hier rein der mechanische Anteil dargestellt ist. Es ist deutlich zu erkennen, dass eine unmittelbare Verformung bei jedem Zahneintritt unabhängig von der Spanungsdicke stattfindet. Auffällig ist ein zusätzlicher Peak bei h = 0,005 mm, welcher auf Spanbildungseffekte aufgrund der großen Schneidkantenverrundung zurückzuführen sein könnte. Mit steigender Spanungsdicke ist das Werkstückverhalten beim Eintritt vergleichbar und weist keine weiteren Besonderheiten auf.

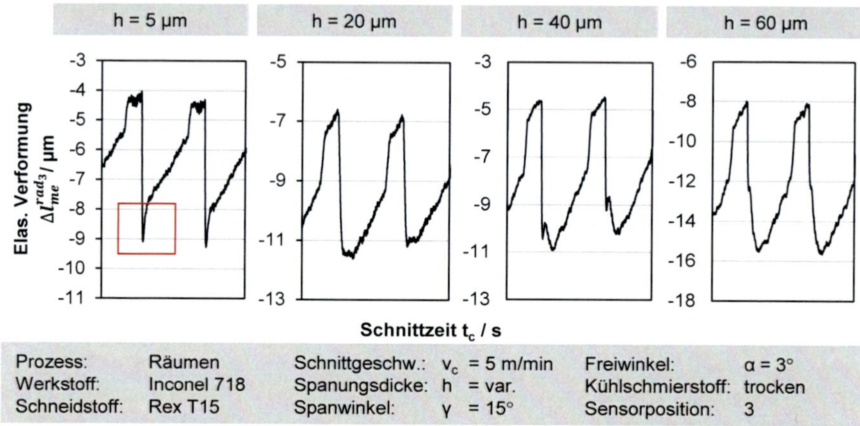

Abbildung 5-13: Sensorsignal beim Zahneintritt in Abhängigkeit von der Spanungsdicke

Sensor Signals during the Tool Entry Depending on the Chip Thickness

Die quantitativen Messwerte der unmittelbaren Werkstückverformung mit eintretender Werkzeugschneide sind für die untersuchten Spanungsdicken, Spanwinkel und Schnittgeschwindigkeiten in Abbildung 5-14 dargestellt. Die Effekte der Werkzeug- und Prozessparameter in Bezug auf die einzelnen Werkzeugschneiden sind deckungsgleich mit den Effekten der Gesamtverformung. Insbesondere bei großen Spanungsdicken ist der ‚weichere' Eintritt des Werkzeugs mit großem Spanwinkel und die damit einhergehende Reduktion der elastischen Werkstückverformung sichtbar. Der mit steigender Schnittgeschwindigkeit steigende Impuls des stoßartigen Eintritts des Werkzeugs spiegelt sich nicht systematisch in der Größe der elastischen Werkstückverformung wieder. Es ist anzumerken, dass der Variationsbereich der Schnittgeschwindigkeit lediglich zwischen 3 m/min < v_c < 15 m/min lag. Der Korrelationskoeffizient zwischen der auf eine Schneide bezogenen Schnittnormalkraft und der unmittelbaren Werkstückverformung bei Werkzeugeintritt lag bei r = 0,64. Die Versuche mit einer Spanungsdicke von h = 0,005 mm zeigten einen signifikanten Ausschlag des Sensorsignals unmittelbar nach dem Eintritt der Werkzeugschneide.

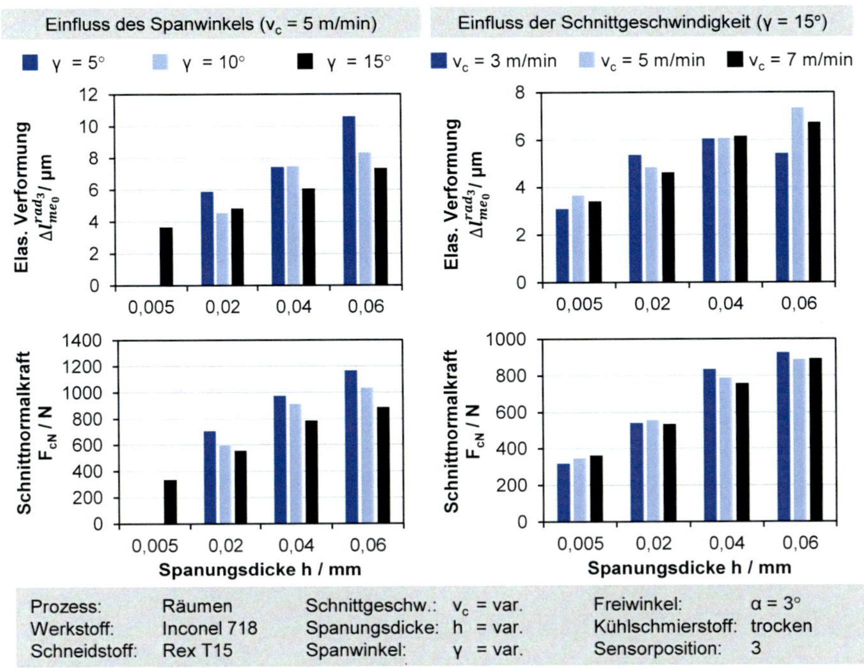

Abbildung 5-14: Messwerte der elastischen Werkstückverformung am Werkzeugeintritt in Abhängigkeit von den Werkzeug- und Prozessparametern

Elastic Workpiece Deformation at the Tool Entry in Dependence of the Tool and Process Parameters

Abbildung 5-15 zeigt die mechanischen Anteile der Wirbelstromsensorsignale in Abhängigkeit von der Schnittgeschwindigkeit. Der bereits beobachtete zusätzliche Peak beim Werkzeugeintritt lag unabhängig von der Schnittgeschwindigkeit vor, wobei die Höhe der Amplitude mit steigender Schnittgeschwindigkeit zunimmt. Bei qualitativer Betrachtung lässt sich darüber hinaus eine zunehmende Dynamik im Sensorsignal mit steigender Schnittgeschwindigkeit feststellen. Dies wird insbesondere in dem Bereich deutlich, wenn die vorlaufende Werkzeugschneide bereits ausgetreten, die nächste Werkzeugschneide noch nicht eingetreten ist. Eine Erklärung für den überproportionalen Ausschlag beim Werkzeugeintritt könnte die Kombination aus kleiner Spanungsdicke (h = 5 µm) und der zu Beginn gemessenen großen Schneidkantenverrundung (r_β = 20 µm) sein.

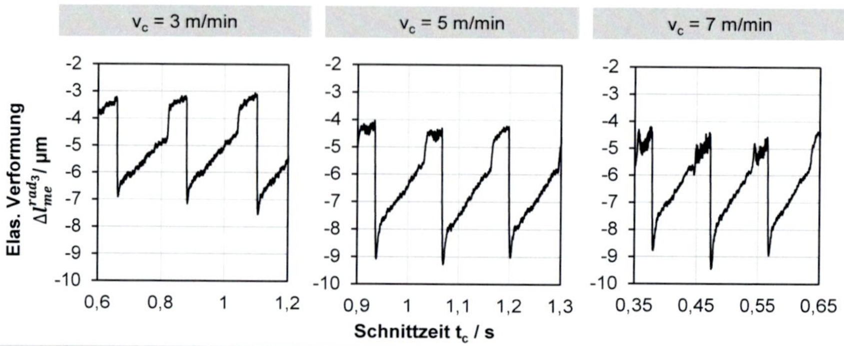

Prozess:	Räumen	Schnittgeschw.:	v_c = var.	Freiwinkel:	α = 3°
Werkstoff:	Inconel 718	Spanungsdicke:	h = 0,005 mm	Kühlschmierstoff:	trocken
Schneidstoff:	Rex T15	Spanwinkel:	γ = 15°	Sensorposition:	3

Abbildung 5-15: Werkstückverhalten am Werkzeugeintritt bei einer Spanungsdicke von *h* = 0,005 mm

Workpiece Behavior at the Tool Entry for a Chip Thickness of h = 0,005 mm

Zur Analyse der Spanbildungseffekte wurden dazu mikroskopische Aufnahmen der erzeugten Späne angefertigt. Diese sind in Abbildung 5-16 für die untersuchten Spanungsdicken dargestellt. Die Späne nach dem Räumen mit einer Spanungsdicke von h = 0,005 mm wiesen auf der Spanunterseite deutliche Beulen auf. Auf Basis der Aufnahmen kann vermutet werden, dass die Ausschläge im Abdrängungssignal auf Ploughing-Effekte zurückgeführt werden können, die bei der Spanbildung auftreten. Jedoch kann festgehalten werden, dass trotz einem h/r_β-Verhältnis von 0,25 eine Spanbildung stattfand. Die Spanbeulen lassen jedoch vermuten, dass die Mindestspanungsdicke in der Größenordnung erreicht wird. Dieser Effekt nimmt zudem mit größerer Schnittgeschwindigkeit zu, was in der Spanform sichtbar ist, vgl. Abbildung 10-2 im Anhang.

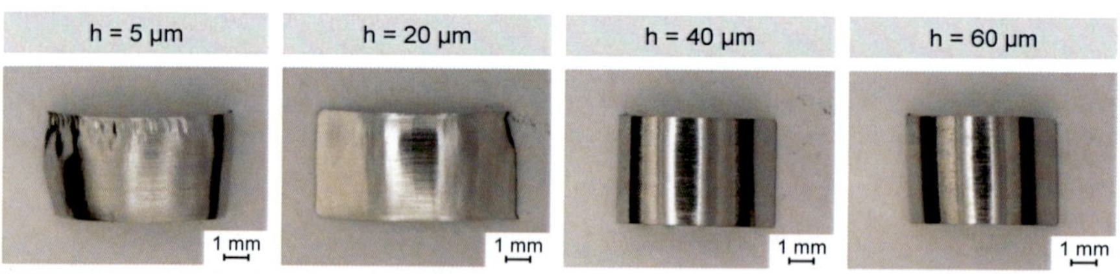

Prozess:	Räumen	Schnittgeschw.:	v_c = 5 m/min	Freiwinkel:	α = 3°
Werkstoff:	Inconel 718	Spanungsdicke:	h = var.	Kühlschmierstoff:	trocken
Schneidstoff:	Rex T15	Spanwinkel:	γ = 15°	Sensorposition:	3

Abbildung 5-16: Mikroskopaufnahmen der Späne in Abhängigkeit von der Spanungsdicke

Microscope images of the chips in dependence on the chip thickness

Die Ploughing-Effekte können zudem die niedrige Korrelation zwischen der Zerspankraft und der Werkstückverformung erklären, da bei diesen ein großer Teil der Schnittenergie in der Scherzone in Reibung umgewandelt wird, welche primär zu einer Erwärmung führt.

In Abbildung 5-17 sind die Sensorsignale beim Zahnaustritt (Sensorposition 5) für die vier untersuchten Spanungsdicken, eine Schnittgeschwindigkeit von v_c = 5 m/min und einen Spanwinkel von γ_0 = 15° dargestellt. Im Unterschied zum Werkstückverhalten am Zahneintritt zeigten sich hier keine qualitativen Unterschiede in Abhängigkeit von der Spanungsdicke. Die Auswertung der quantitativen Kennwerte ist im Anhang in Abbildung 10-3 dargestellt. Die Effekte sind vergleichbar zu den bereits dargestellten.

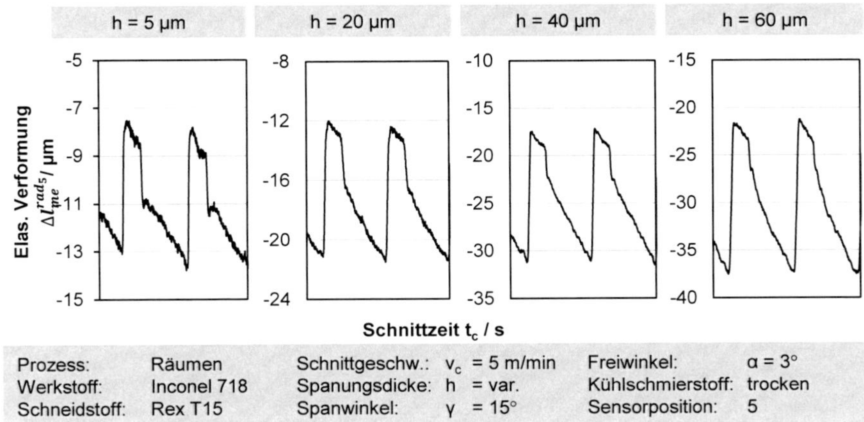

Abbildung 5-17: Sensorsignal am Werkzeugaustritt in Abhängigkeit von der Spanungsdicke

Sensor Signals at the Tool Exit in Dependence of the Chip Thickness

Zwischenfazit

Aus der Analyse der Sensorsignale zur Messung der Werkstückverformung können unterschiedliche Rückschlüsse auf die Ursache-Wirkungszusammenhänge zwischen Räumverfahren und Werkstückverformung gezogen werden. Das um den thermischen Effekt bereinigte Sensorsignale zeigte deutlich, dass der Wert der maximalen Werkstückverformung im Anschluss an den Werkzeugeintritt auf einem konstanten Niveau bleibt. Es kann daraus geschlussfolgert werden, dass kein dynamisch verstärkender Effekt zwischen den periodischen Zahnein- und -austritten und der elastischen Werkstückabdrängung und Rückfederung stattfindet. Die Aufzeichnung des Werkstückverhaltens zeigte auch die Interdependenzen zwischen vorlaufenden und nachlaufenden Werkzeugschneiden und die damit einhergehende kontinuierliche Abdrängung und Rückfederung. Insbesondere der große Einfluss der Spanungsdicke wurde deutlich. Eine Korrelationsanalyse zeigte die hohe Übertragbarkeit einer gemessenen Zerspankraft auf die elastische Werkstückverformung. Es ist zu vermuten, dass über ein entsprechendes Kraftmodell und eine analytische Berechnung der Werkstückverformung das Werkstückverhalten gut prädiziert werden kann. Es zeigte sich jedoch auch ein weiterer zerspantechnologischer Effekt bei kleinen Spanungsdicken. Ploughing-Effekte und das Aufbeulen der Späne resultierte in überproportionalen Abdrängungseffekten im Bereich des Werkzeugeintritts und reduzierten die Prozessstabilität beim Räumen mit geringen Spanungsdicken.

5.4 Thermisch-bedingte Werkstückverformung beim Räumen

Thermal Induced Elastic Effects in Broaching

Im folgenden Kapitel werden die Ergebnisse der Grundlagenuntersuchungen hinsichtlich der thermischen Einflüsse analysiert und bewertet. Dafür werden die in Kapitel 5.1 eingeführten Kennwerte herangezogen. Hinsichtlich der thermischen Effekte ist das zum einen die maximale thermischen Verformung $\Delta l_{th_{ges}}$ sowie die Abkühldauer τ. In Abbildung 5-18 sind beide Kennwerte für die zwei Positionen des Werkzeugeintritts und des Werkzeugaustritts in Abhängigkeit von der Spanungsdicke dargestellt. Aufgrund der sehr geringen absoluten Wärmeausdehnung bei h = 0,005 mm konnte für diesen Versuchspunkt keine Abkühldauer bestimmt werden.

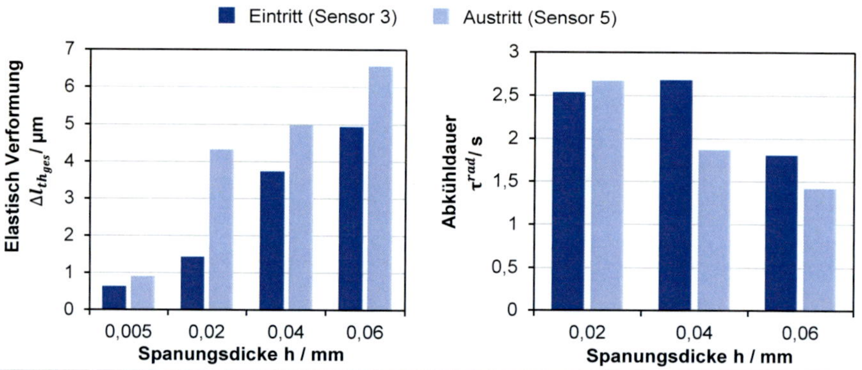

Prozess:	Räumen	Schnittgeschw.:	v_c = 5 m/min	Freiwinkel:	α = 3°
Werkstoff:	Inconel 718	Zähnezahl:	z = 10	Kühlschmierstoff:	trocken
Schneidstoff:	Rex T15	Spanwinkel:	γ = 15°	Sensorposition:	3, 5

Abbildung 5-18: Thermische Verformung und Abklingzeit am Ein- und Austritt

Thermal Deformation and Cool Down Time at Tool Entry and Exit

Es ist deutlich zu erkennen, dass der thermische Einfluss mit steigender Spanungsdicke zunimmt. Bei einer Spanungsdicke von h = 0,005 mm beträgt die maximale Werkstückverformung im Bereich des Werkzeugaustritts $\Delta l_{th_{ges}}$ = 0,9 µm. Im Vergleich dazu, steigt die thermische Werkstückausdehnung für h = 0,06 mm auf $\Delta l_{th_{ges}}$ = 6,6 µm. Der Einfluss der Wärmedehnung auf die gesamte Werkstückverformung nimmt demnach mit zunehmender Spanungsdicke zu. Das linke Diagramm zeigt des Weiteren einen deutlichen Unterschied in der Werkstückausdehnung zwischen der Ein- und Austrittsposition, welcher in sämtlichen Versuchspunkten gemessen wurde.

Die Messunterschiede lassen vermuten, dass zum Zeitpunkt des Zerspanvorgangs eine inhomogene Temperaturverteilung im Werkstück vorlag, welche sich in Form einer lokal größeren Wärmedehnung an der Werkstückunterseite zeigte. Ein möglicher Erklärungsansatz basiert auf der für den Räumprozess charakteristischen niedrigen PÉCLET-Zahl. Diese liegt aufgrund der niedrigen Schnittgeschwindigkeiten und Spanungsdicken (vgl. Tabelle 5-2) in einem Bereich zwischen 0,1 < N_{Pe} < 3 und damit deutlich unterhalb der anderer Zerspanprozesse. Mit sinkender PÉCLET-Zahl nimmt aufgrund der niedrigen Schnittgeschwindigkeit zum einen der diffusionsabhängige Wärmestromanteil ins Werkstück gegenüber dem konvektiven Anteil der Wärmeabfuhr über den Span zu (vgl. Kapitel 2.3). Zum anderen nimmt bei niedrigen PÉCLET-Zahlen die Abhängigkeit der Konvektion von stromabwärtsgelegenen Stellen, in diesem Fall die Werkstückunterseite, zu. Die im Bezug zur Wärmequelle vorlaufende Wärmeausbreitung im Werkstoff führt zu einer Wärmekonzentration in Strömungsrichtung und ist daher in Form von einer größeren thermisch-bedingten Werkstückdehnung am Werkzeugaustritt zu messen. Es ist anzunehmen, dass im industriellen Anwendungsfall, bei dem die Räumwerkzeuge eine Länge von bis zu 8 m aufweisen, sich letztendlich im Bauteil ein stationäres Temperaturfeld ausbildet. Im vorliegenden Fall betrug die Länge der Werkzeuge 22 cm, was in einer sehr kurzen Prozesszeit resultiert und ein Erklärungsansatz für die inhomogene Temperaturverteilung sein kann.

Die Abkühldauer τ weist den umgekehrten Effekt im Vergleich zur maximalen thermischen Ausdehnung auf. Mit steigender Spanungsdicke sinkt die Dauer, bis zu welcher die thermisch-bedingte Verformung auf den Faktor $1/e$ abgeklungen ist. Dies kann auf den größeren Temperaturgradienten zwischen Werkstück und Umgebungstemperatur zurückgeführt werden, welcher in schnelleren Abkühlraten resultiert. Die Werkstückabkühlung findet zum einen mittels Wärmeleitung zu kälteren Gegenständen, im vorliegenden Fall die Aufspannung, und zum anderen mittels Konvektion an die Umgebungsluft statt. Beides kann für den vorliegenden Fall als konstant angenommen werden, weshalb Unterschiede vollständig auf die variierenden Werkzeug- und Prozessparameter zurückgeführt werden können.

In Abbildung 5-19 ist der Einfluss der Zähnezahl auf das sich ausbildenden Temperaturfeld im Werkstoff dargestellt. Sowohl der quantitative Kennwert der maximalen elastischen Verformung als auch die Thermographieaufnahmen auf der rechten Seite deuten auf einen stetigen Anstieg der Werkstückausdehnung mit steigender Zähnezahl hin. Eine Verdopplung der Zähnezahl von z = 10 auf z = 20 resultierte in einem Anstieg um 70 % für h = 0,005 mm und um 42 % für h = 0,04 mm. Die Thermographieaufnahmen wurden im Rahmen der analytischen Modellierung aufgenommen, welche in Kapitel 6 erläutert wird. Die Aufnahmen zeigen eine deutliche Erwärmung des Werkstücks vor dem Eintritt der letzten Schneide beim Vergleich der Versuche mit z = 2 und z = 9. Es findet demnach eine stetige Erwärmung des Werkstücks statt, ein Grenzwert der Erwärmung konnte in den empirischen Versuchen jedoch im betrachteten Parameterfenster nicht festgestellt werden.

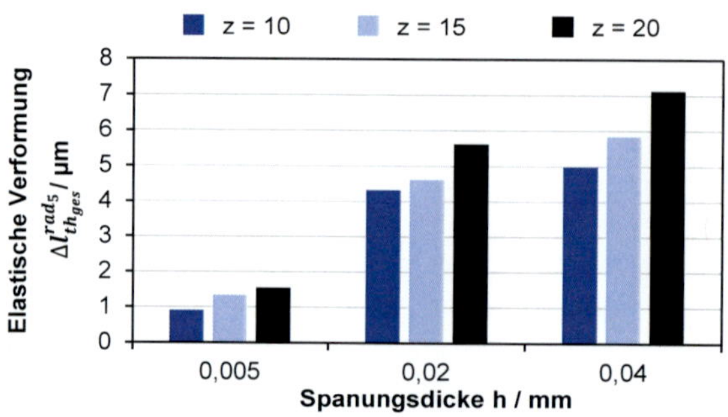

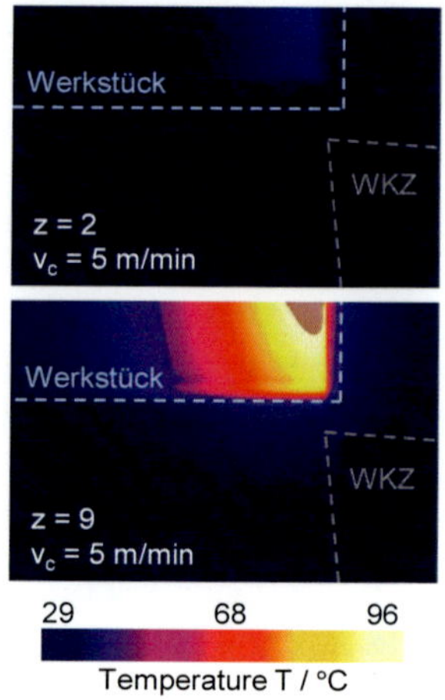

Prozess:	Räumen	Spanwinkel:	γ = 15°
Werkstoff:	Inconel 718	Freiwinkel:	α = 3°
Schneidstoff:	Rex T15	Kühlschmierstoff:	trocken
Schnittgeschw.:	v_c = 5 m/min	Sensorposition:	5
Spanungsdicke:	h = var.		

Abbildung 5-19: Thermisch-bedingte Werkstückverformung in Abhängigkeit von der Zähnezahl z

Thermal-induced Workpiece Deformation in Dependence of the Tooth Number z

Ein vergleichbarer Effekt zeigte sich ebenfalls in den Versuchen zur Schnittgeschwindigkeitsvariation. In Abbildung 5-20 ist die maximale elastische Verformung sowie die Abkühldauer in Abhängigkeit von der Schnittgeschwindigkeit dargestellt.

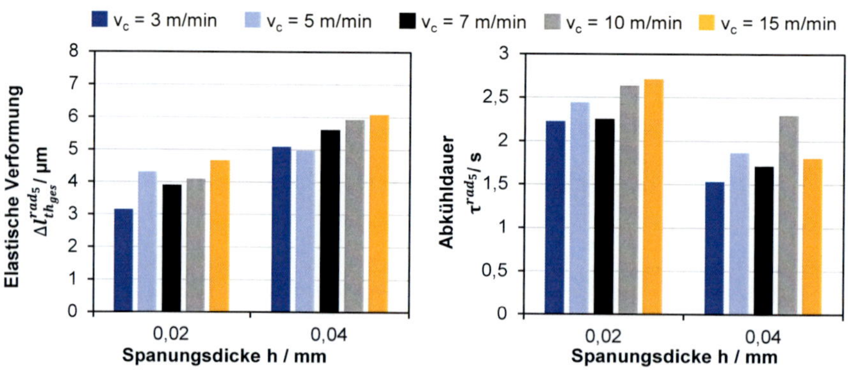

Prozess:	Räumen	Schnittgeschw.:	v_c = var.	Freiwinkel:	α = 3°
Werkstoff:	Inconel 718	Zähnezahl:	z = 10	Kühlschmierstoff:	trocken
Schneidstoff:	Rex T15	Spanwinkel:	γ = 15°	Sensorposition:	5

Abbildung 5-20: Thermische Verformung und Abkühldauer in Abhängigkeit von der Schnittgeschwindigkeit v_c

Thermal Deformation and Cool Down Time in Dependence of the Cutting Speed v_c

Mit steigender Spanungsdicke und Schnittgeschwindigkeit nahm der Wert der maximalen, thermisch-bedingten Werkstückverformung zu. Analog zu den Versuchen mit variierender Zähnezahl sank die Abkühldauer mit steigender Spanungsdicke. Die Ergebnisse zeigen jedoch auch, dass die Abkühldauer bei konstanter Spanungsdicke mit steigender Schnittgeschwindigkeit zunahm.

Der Einfluss des Spanwinkels auf die thermischen Effekte ist in Abbildung 5-21 dargestellt. Die Versuche wurden mit einer konstanten Zähnezahl von z = 10 und einer konstanten Schnittgeschwindigkeit von v_c = 5 m/min durchgeführt. Die mit zunehmendem Spanwinkel abnehmende Prozesskraft und einem damit einhergehenden geringeren Energieeintrag in den Werkstoff resultiert in einer geringeren elastischen Dehnung. Die Ergebnisse zeigen zudem einen positiven Einfluss eines steigenden Spanwinkels auf die Abkühldauer.

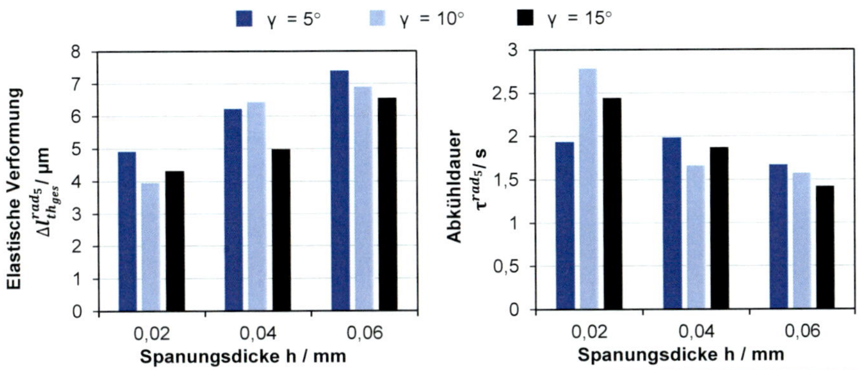

Prozess:	Räumen	Schnittgeschw.:	v_c = 5 m/min	Freiwinkel:	α = 3°
Werkstoff:	Inconel 718	Zähnezahl:	z = 10	Kühlschmierstoff:	trocken
Schneidstoff:	Rex T15	Spanwinkel:	γ = var.	Sensorposition:	5

Abbildung 5-21: Thermische Verformung und Abkühldauer in Abhängigkeit vom Spanwinkel

Thermal Deformation and Cool Down Time in Dependence of the Rake Angle

In einem Stichversuch wurde zudem der Einfluss einer Überflutungskühlung mit Öl auf die thermischen Effekte bewertet. Aufgrund der empfindlichen Sensorik war jedoch keine systematische Versuchsreihe unter Öl möglich. Die Untersuchung zeigte jedoch, dass der Einfluss des Öls dem der Werkzeug- und Prozessparameter untergeordnet ist. Die Abkühldauer unterschied sich nicht von dem Versuch ohne Überflutungskühlung ($\Delta\tau$ = 0,1 s). Der Unterschied in der maximalen thermischen Ausdehnung zwischen einem trockenen Prozess und einem unter Öl belief sich auf $\Delta l_{th,ges}$ = 1,2 µm und war demnach dem Einfluss der Spanungsdicke deutlich untergeordnet. Es ist jedoch zu unterstreichen, dass der Versuchsumfang sehr eingeschränkt war und die Größe der Stichprobe dementsprechend niedrig. Der Einfluss des Räumöls auf thermische Dehnungen gilt es in nachfolgenden Untersuchungen systematisch zu untersuchen.

Die empirischen Analysen zur thermisch-bedingten Werkstückdehnung zeigten die erwarteten Ergebnisse. Analog zu den abhängigen Variablen der PÉCLET-Zahl konnte der übergeordnete Einfluss der Spanungsdicke auf den Wärmestrom in das Werkstück nachgewiesen werden. Es zeigte sich zudem ein entgegengesetztes Verhalten zwischen der maximalen thermischen Verformung und der Abkühldauer in Abhängigkeit von den Werkzeug- und Prozessparametern. Die empirischen Versuche zeigten im betrachteten Parameterfenster kein gegen einen Grenzwert konvergierendes Verhalten der Werkstückausdehnung. Die analysierten Ursache-Wirkungszusammenhänge können zukünftig in Form von Gestaltungsrichtlinien für die Werkzeug- und Prozessauslegung angewendet werden.

5.5 Superposition mechanischer und thermischer Effekte

Superposition of Mechanical and Thermal Effects

In den beiden vorangegangenen Kapiteln wurden jeweils die Einflüsse verschiedener Werkzeug- und Prozessparameter auf mechanische und thermische Effekte analysiert. Das Ziel dieses Unterkapitels ist es, die beiden Effekte zu superpositionieren und zu untersuchen, ob und falls ja, welche Sensorsignale eine direkte Korrelation zur geräumten Werkstückgeometrie zeigen.

Die gefertigten Nuten aus dem Analogieversuch wurden auf einem Koordinatenmessgerät (KMG) vom Typ Micura der Fa. Zeiss in taktil gemessen. In die gefertigte Nut wurde eine Referenzebene gelegt, die sich durch die vier Eckpunkte am Ein- und Austritt aufspannt. Ein anderweitiges Referenzieren der Versuchsprobe war nicht möglich, da die Toleranzen bei der Fertigung der Versuchsproben bei ± 5 µm der planparallelen Flächen lag und damit in derselben Größenordnung der zu messenden Ebenheit. Um eine Vergleichbarkeit der gefertigten Proben herzustellen, war daher ein Referenzieren innerhalb der gefertigten Nut notwendig. Für die Messung wurde eine Tasterspitze mit einem Radius von 1 mm eingesetzt. Inklusive eines Sicherheitsaufmaßes von 0,1 mm konnte daher die maximal messbare Position am Ein- und Austritt auf H = 0,6 mm respektive H = 29,4 mm gesetzt werden. An diesen Positionen lag aufgrund der erläuterten Referenzebene die Profilabweichung bei null (vgl. Abbildung 5-22). Zur Messung der Ebenheit wurden fünf äquidistante Bahnen über die Breite der Nut positioniert. Die Abbildung zeigt die gemittelte Auswertung der Ebenheit in Abhängigkeit vom Spanwinkel für eine Spanungsdicke von h = 0,02 mm.

Für die Superposition der mechanischen und thermischen elastischen Verformungen wurde die primäre Annahme getroffen, dass die beiden Effekte entgegengesetzt zueinander wirken. Die thermisch-bedingte Werkstückausdehnung führt zu einer steigenden Spanungsdicke, da aufgrund der Dehnung mehr Material zerspant wird. Demgegenüber reduziert die mechanisch-bedingte Werkstückabdrängung den Spanungsquerschnitt. Unter dieser Annahme wurde eine Korrelationsanalyse sämtlicher Versuchsergebnisse mit den Ergebnissen der Werkstückvermessung durchgeführt. Es zeigte sich, dass die tiefste Stelle der gemessenen Ebenheit in einem hohen Maße zu den superpositionierten Messwerten aus den maximal gemessenen Verformungen im Bereich des Werkzeugaustritts (Sensor 5) korreliert. In Abbildung 5-22 sind daher die

Sensorwerte der mechanisch-bedingten Gesamtverformung $\Delta l_{me_{ges}}^{rad_5}$ und der thermischen Werkstückausdehnung $\Delta l_{th_{ges}}^{rad_5}$ im Bereich des Werkzeugaustritts dem taktilen Ergebnis der Werkstückvermessung gegenübergestellt. Insbesondere bei der Parameterkombination mit einer Spanungsdicke von h = 0,02 mm und einem Spanwinkel von γ = 15° stimmte die Ebenheit in hohem Maß mit der Superposition der beiden Effekte überein. Auch der Trend, dass mit kleinerem Spanwinkel die elastische Deformation zunimmt und das in einem größeren Ebenheitsfehler resultiert, ist in den Ergebnissen deutlich zu sehen. Mit einer Abweichung von 8,5 % für γ = 5° liegt die Übereinstimmung ebenfalls auf einem hohen Niveau.

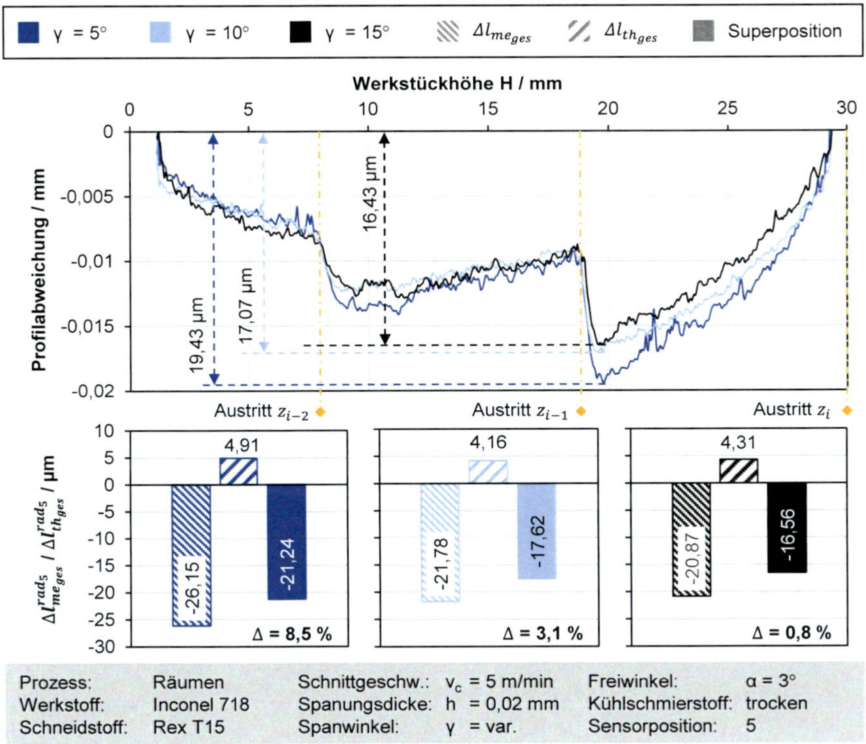

Abbildung 5-22: Ebenheit der geräumten Nuten

Evenness of the Broached Grooves

Die KMG-Messungen in axialer Richtung der geräumten Nut zeigten zwei charakteristische Sprünge entlang der gemessenen Ebenheit, wobei der größere im letzten Drittel der Werkstückhöhe liegt. Diese beiden charakteristischen Stellen stimmen mit der Teilung des Werkzeuges überein. Für die Räumbearbeitung gilt daher, dass für die Erzeugung der Oberflächengenauigkeit primär die letzten Schneiden entscheidend sind. Reduziert sich die Anzahl der sich im Eingriff befindenden Schneiden von drei auf zwei (Austritt z_{i-2}), findet eine erste übergeordnete Rückfederung des Werkstücks statt, es wird mehr Werkstoff zerspant und der erste charakteristische Sprung in der finalen Oberfläche wird erzeugt. Zum Zeitpunkt des Austritts der Schneide z_{i-1} federt der Werkstoff erneut zurück und die letzte sich im Eingriff befindende Schneide zerspant den meisten Werkstoff. Dies zeigte bereits MÜCKE für das Fräsen von rekonturierten Bauteilen. Er zeigte dabei mittels Prozesssimulation, dass für die Formabweichung einer gefertigten Fläche nicht die maximale Abdrängung über den Zahneingriff, sondern die Abdrängung während der Erzeugung der Oberfläche entscheidend sei [MÜCK20]. Die vorliegenden Ergebnisse unterstützen seine Behauptung. Es ist jedoch zu betonen, dass diese Analyse explizit nicht die Maßgenauigkeit der geräumten Nuten adressiert. Es kann vermutet werden, dass die Abweichung der realen von der nominellen Spanungsdicke das absolute Maß abweichend der Zeichnungsvorgaben und dem darauf ausgelegten Werkzeug ist. Aus diesem Grund haben sich in der Industrie sogenannte Kalibrierschneiden etabliert, welche eine nominelle Spanungsdicke von h = 0 mm aufweisen und der Nacharbeit der Nuten dienen. Der Einfluss der Kalibrierschneiden auf die gefertigte Oberflächenqualität wird im Rahmen von Kapitel 7 mithilfe einer Konvergenzanalyse bewertet, welche die Rückkopplungseffekte zwischen elastischer Verformung, Zerspankraft und effektiver Spanungsdicke der Kalibrierschneiden analysiert.

5.6 Zwischenfazit

Interim Conclusions

In diesem Kapitel wurden in empirischen Zerspanversuchen die elastischen Werkstückverformungen während des Räumprozesses analysiert. Im Anschluss an die Definition von Bewertungsgrößen wurde eine Einflussanalyse der relevanten Werkzeug- und Prozessparameter auf die mechanisch- sowie thermisch-bedingten Werkstückverformungen durchgeführt. Abschließend wurden die beiden Effekte superpositioniert und mit einer messtechnischen Analyse der gefertigten Oberflächenqualität korreliert.

Auf Basis der Signale der Wirbelstromsensoren kann das Werkstückverhalten beim Räumen als ein rein elastisches und periodisches Verhalten charakterisiert werden. Im Anschluss an den Werkzeugeintritt, bei welchem die elastische Verformung kontinuierlich zunimmt, nimmt die elastische Verformung periodisch einen konstanten, maximalen Verformungswert an. Dieser maximale Wert wird zu dem Zeitpunkt gemessen, an dem die Werkzeugschneide die jeweilige Position des Sensors erreicht. Es traten keine unkontrollierten, sich kontinuierlich verstärkenden Effekte zwischen elastischer Rückfederung und nomineller Spanungsdicke auf. Die Rückkopplungseffekte zwischen elastischer Verformung und realer Spanungsdicke können folglich als konstant angenommen werden. Dementsprechend ist eine gute Prognosefähigkeit gegeben, welche in die Werkzeugauslegung integriert werden kann. Es zeigte sich zudem, dass die elastischen Verformungen zu Teilen größer waren als die nominelle Spanungsdicke und dadurch nicht der nominelle Betrag zerspant wurde. Es wird vermutet, dass daraus ein absoluter Maßfehler resultiert, welche im Anschluss korrigiert werden muss, beispielsweise mittels Kalibrierschneiden. Als kritisch wurde dabei insbesondere die

Spanungsdicke h = 0,005 mm bewertet, da die absolute elastische Werkstückverformung oberhalb der nominellen Spanungsdicke lag und dadurch einzelne Schneiden nicht im Eingriff waren. Dies resultiert in einem absoluten Maßfehler des gefertigten Profils. Ein zweiter kritischer Punkt war der Austritt des Werkzeuges mit einer Spanungsdicke von h = 0,02 mm. Auch an diesem Punkt wurde eine im Vergleich zur nominalen Spanungsdicke größere elastische Verformung gemessen.

Hinsichtlich der Werkzeug- und Prozessparameter hat sich in den Analogieversuchen und bei der Auswertung der mechanischen Effekte insbesondere der große Einfluss der Spanungsdicke bestätigt. Der überproportionale Einfluss der Spanungsdicke bei konstanter Spanungsbreite auf die Schnitt- und Schnittnormalkraft und folglich auf die elastische Werkstückverformung wurde aus der Auswertung der Gesamtverformung ersichtlich. Des Weiteren wurden die Effekte einer Spanwinkelvariation bzw. Schnittgeschwindigkeitsvariation deutlich. Eine Korrelationsanalyse zwischen der Schnitt- und Schnittnormalkraft sowie der mechanisch-bedingten Werkstückverformung ließ vermuten, dass neben der Zerspankraft auch weitere zerspantechnologische Effekte einen signifikanten Einfluss auf das elastische Werkstückverhalten haben. Unter anderem konnte gezeigt werden, dass Ploughing-Effekte bei kleinen Spanungsdicken einen überproportionalen Einfluss auf die Werkstückreaktion in Folge des Zahneintritts haben.

Die Analyse der thermisch-bedingten Werkstückausdehnung zeigte einen dominierenden Einfluss der Spanungsdicke, der Schnittgeschwindigkeit sowie der Zähnezahl des Räumwerkzeugs. Dabei ging eine größere maximale Dehnung des Werkstücks mit einer geringeren Abkühldauer einher. Dies wurde auf den größeren Temperaturgradienten zwischen Werkstück und Umgebungstemperatur zurückgeführt, welcher bei höheren Temperaturen in schnelleren Abkühlraten resultiert. Ein Grenzwert der Erwärmung konnte in den empirischen Versuchen jedoch nicht ermittelt werden. Dafür sind Untersuchungen mit größeren Räumwerkzeugen notwendig, welche im Forschungsumfeld nicht eingesetzt werden konnten. Die Abkühldauer lag für sämtliche Versuchspunkte bei $\tau < 3$ s, woraus direkte Gestaltungsrichtlinien für die Prozessführung gezogen werden können.

Die Superpositionierung der mechanischen und thermischen Effekte und die darauf aufbauende Korrelationsanalyse zur gefertigten Werkstückgeometrie zeigten, dass insbesondere die gemessene elastische Verformung im Bereich des Werkzeugaustritts in hohem Maße mit der gefertigten Maßhaltigkeit korreliert. Die empirischen Versuche zeigten zudem, dass insbesondere die genaue Kenntnis über die lokal vorliegende Spanungsdicke relevant ist, da diese sowohl für die mechanischen als auch die thermisch-bedingten Werkstückverformungen maßgebend ist. Aus diesem Grund wird im folgenden Kapitel eine Methodik erarbeitet, welche es ermöglicht, die lokale Spanungsdicke für ein gesamtes Räumwerkzeug zu ermitteln.

6 Analytische Modellierung der thermo-mechanischen Werkstückbelastung

Analytical Modelling of the Thermo-Mechanical Workpiece Load

Das übergeordnete Ziel dieser Arbeit ist die Entwicklung einer Methodik zur Prädiktion von Geometrieabweichungen beim Räumen von Profilnuten. Nachdem in Kapitel 5 die grundlegenden Ursache-Wirkungszusammenhänge empirisch analysiert und bewertet wurden, fokussiert das nachfolgende Kapitel die analytische Modellierung dieser. Grundvoraussetzung dafür ist die exakte Kenntnis der Eingriffsbedingungen entlang eines gesamten Räumhubes. In Kapitel 2.4 wurde dargelegt, dass Modelle zur Eingriffsmodellierung bislang lediglich für die Dreh-, Fräs- und Bohrbearbeitung entwickelt wurden, wobei der wissenschaftliche Fokus aufgrund der komplexen Kinematik auf der 5-Achs-Fräsbearbeitung lag. Im Rahmen der vorliegenden Arbeit wird eine Methodik zur Eingriffsmodellierung für Räumwerkzeuge erarbeitet und im Anschluss an Profilräumwerkzeuge angewendet. Ergebnis dieser Eingriffsmodellierung ist eine lokal aufgelöste Spanungsdickenverteilung je Werkzeugschneide. In Kombination mit dem im Stand der Technik vorgestellten Konzept zur Bestimmung der lokal variierenden Span- und Freiwinkeln können die Eingriffsbedingungen eines gesamten Räumwerkzeugs modelliert werden. In Kapitel 6.2 wird anschließend in Orthogonalschnittversuchen ein Zerspankraft- sowie ein Wärmestrommodell für das Räumen von Inconel 718 mit dem Schneidstoff Rex T15 PM entwickelt. Das Wärmestrommodell bezieht sich hierbei auf die Wärmestromdichte in das Werkstück in Abhängigkeit von den Werkzeug- und Prozessparametern. Ergebnis dieser Arbeiten ist ein zeitlich und örtlich aufgelöstes thermo-mechanisches Belastungskollektiv des Werkstücks sein. Die Übertragung der Modellierungsmethodik auf den industriellen Anwendungsfall wird im Rahmen von Kapitel 7 durchgeführt. Mithilfe mechanistischer und physikalischer Modellierungsansätze kann anschließend die erzielbare Maßhaltigkeit prädiktiv auf Basis einer Ausgangsgeometrie bestimmt werden und es können Optimierungspotenziale abgeleitet werden. Das geschilderte Vorgehen ist schematisch in Abbildung 6-1 dargestellt.

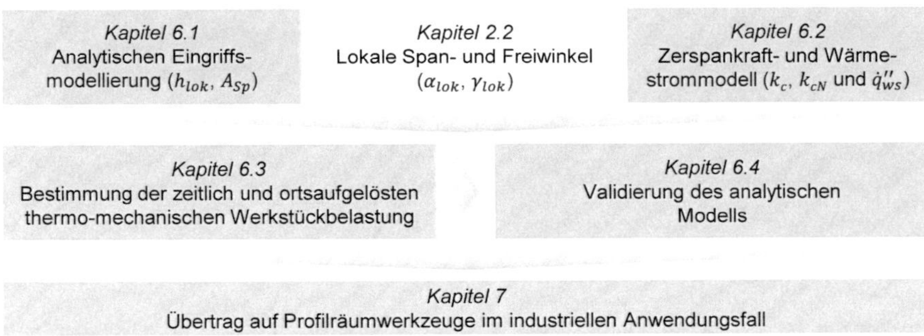

Abbildung 6-1: Vorgehen zur analytischen Modellierung der Werkstückbelastung

Procedure for Analytical Modelling of the Workpiece Load

6.1 Analytische Eingriffsmodellierung beim Räumen

Analytical Modelling of the Engagement Conditions in Broaching

In Kapitel 2.1 wurde der Stand der Technik zur Auslegung von Räumwerkzeugen erläutert. Es existieren Berechnungsgrundlagen, welche die geometrischen Parameter eines Räumwerkzeugs berechnen. Beispielsweise ergibt sich die Teilung t aus dem Spankammerquerschnitts A_k bzw. der Spanungsdicke h und der Spanungslänge l, vgl. Gleichung 2.1 – Gleichung 2.6. Die daraus resultierenden Schnittkraftverläufe und deren Auswirkungen auf das Prozessergebnis werden bislang jedoch nicht in der Werkzeugauslegung berücksichtigt. Nominelle Grenzwerte für Spanungsdicken und Staffelungsarten ergeben sich aus dem großen Erfahrungswissen der Konstrukteure. Ziel dieses Arbeitspaketes ist es daher, eine Eingriffsmodellierung auf Basis einer Werkzeugzeichnung zu entwickelt, welche es ermöglicht, das thermo-mechanische Belastungskollektiv prädiktiv zu bestimmen und zur Werkzeugauslegung zu verwenden. Als Ausgangspunkt wurde eine CAD-Zeichnung eines Räumwerkzeugherstellers verwendet. Aufgrund der hohen Vergleichbarkeit zu industriellen Räumprofilen werden die nachfolgenden Analysen mit Außen- bzw. Innenradius-abbildenden Räumwerkzeugen durchgeführt, welche die kritischen Charakteristika einer Tannbaumprofilnut aufweisen.

In Abbildung 6-2 sind die ersten zwei Schritte der Eingriffsmodellierung dargestellt. Innerhalb der Software SolidWorks werden zunächst die einzelnen Schnittebenen der Werkzeugschneiden identifiziert. Dafür wurden dem Programm die Parameter ‚Anzahl Werkzeugschneiden' und ‚Teilung' übergeben, und der Ablauf automatisiert. In einem zweiten Schritt wird die Werkzeugschneide je Schnittebene in Form eines Splines identifiziert. Als Algorithmus zur Kantendetektion wurde der Sobel-Operator eingesetzt (vgl. Abbildung 6-2 rechts).

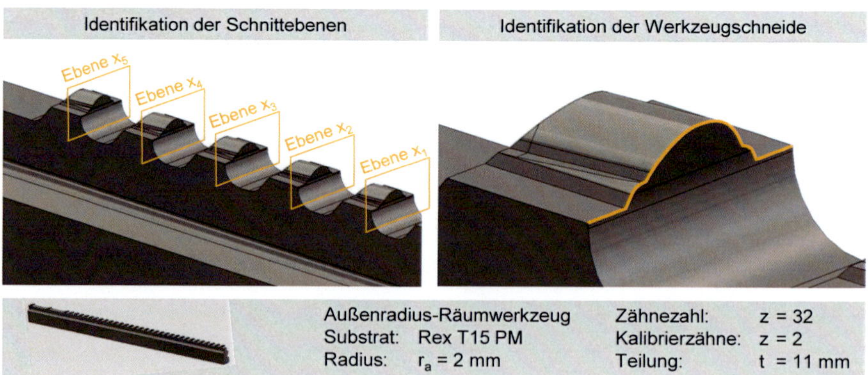

Abbildung 6-2: Identifikation der Schnittebenen und Schneidkanten entlang eines Räumwerkzeugs

Identification of Cutting Planes and Cutting Edges along a Broaching Tool

Anschließend wird je identifizierter Schneidkante eine Image-Datei im *.png-Format erstellt und anschließend exportiert. Die Bilddateien wurden mit einer Auflösung von 800 dpi mit einer Skalierung von 300 % abgespeichert. Die Unschärfe des Modells lag bezogen auf die analysierten Werkzeuge bei 0,1 µm. Die aus SolidWorks exportierten Images der einzelnen Werkzeugschneiden sind in Abbildung 6-3 für ein außenradius-abbildendes Räumwerkzeug mit einem Radius von r_a = 2 mm dargestellt. Die eigentliche Schneidenstaffelung verläuft zuerst rein orthogonal bis abschließend das Profil entlang der gesamten Kontur gefertigt wird. Der Übergang zwischen den beiden Staffelungsarten sowie die Auswirkungen auf die resultierenden lokalen Spanungsdicken und Spanungsquerschnitten je Schneide sind schematisch in der Abbildung rechts skizziert.

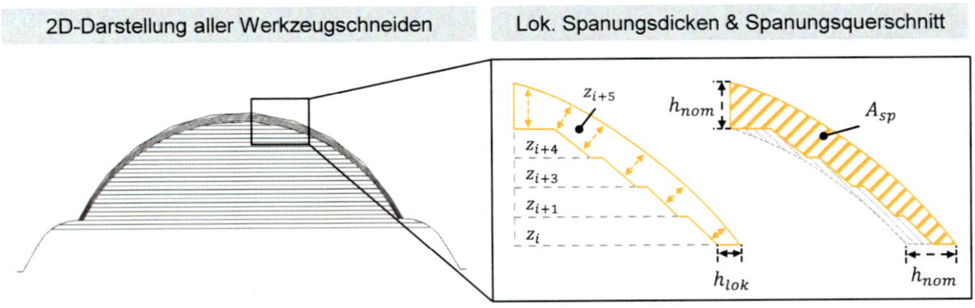

Abbildung 6-3: Ableitung der lokalen Spanungsdicke und der Spanungsquerschnittsfläche

Derivation of the Local Chip Thickness and the Chip Cross Section

Die exportierten Image-Dateien werden als Input-Dateien für ein MATLAB-Programm verwendet, welches als Zielgrößen die lokale Spanungsdicke und den Spanungsquerschnitt berechnet. Die Werkzeugschneiden werden dabei als Spline approximiert und der orthogonale Abstand zur nachfolgenden Schneide mittels Vektorenrechnung ermittelt. Der Parameter der Intervalllänge definiert die Auflösungsgenauigkeit der Ergebnisse. Für die Analysen wurde eine Intervallbreite von 10 Pixeln definiert. Durch Multiplikation der Intervalllänge und der lokalen Spanungsdicke ergibt sich abschließend der Spanungsquerschnitt je Werkzeugschneide.

In Abbildung 6-4 ist das Ergebnis der Eingriffsmodellierung für einen zu fertigenden Außenradius von r_a = 2 mm sowie einen Innenradius von r_i = 2 mm dargestellt. Hierbei ist die lokale Spanungsdicke h_{lok} über die Spanungsbreite b für jeden Zahn z_i aufgetragen. Analog zur Werkzeugzeichnung des Werkzeugherstellers beträgt die nominelle Spanungsdicke der orthogonalen Schneiden h = 50 µm (z_1 bis z_{27}) für beide Werkzeugtypen. Je nach zu fertigendem Profil ergeben sich einzelne kritische Bereiche, welche durch die Eingriffsmodellierung deutlich wurden. Beim Außenradiuswerkzeug ist die letzte orthogonal-zerspanende Werkzeugschneide nur über eine sehr geringe Spanungsbreite im Eingriff (vgl. Bereich A). Diese könnte aufgrund lokal großer Spannungsgradienten eine Stelle für vorlaufenden Freiflächenverschleiß darstellen. Das Innenradiuswerkzeug weißt je Schneide einen Bereich auf, an dem die Spanungsdicke auf h = 0 mm abfällt. Insbesondere die Übergänge werden als kritisch eingeschätzt. Die Schneiden z_{28} bis z_{32} fertigen das Profil und sind entlang der gesamten Kontur im Eingriff (im Englischen auch „Full-Form" Schneiden genannt). Als kritische Bereiche sind in beiden Darstellungen der äußere Bereich der Radien gekennzeichnet (vgl. Bereich B). In diesen Bereich fällt die lokale Spanungsdicke auf $h_{lok} \approx 10$ µm ab.

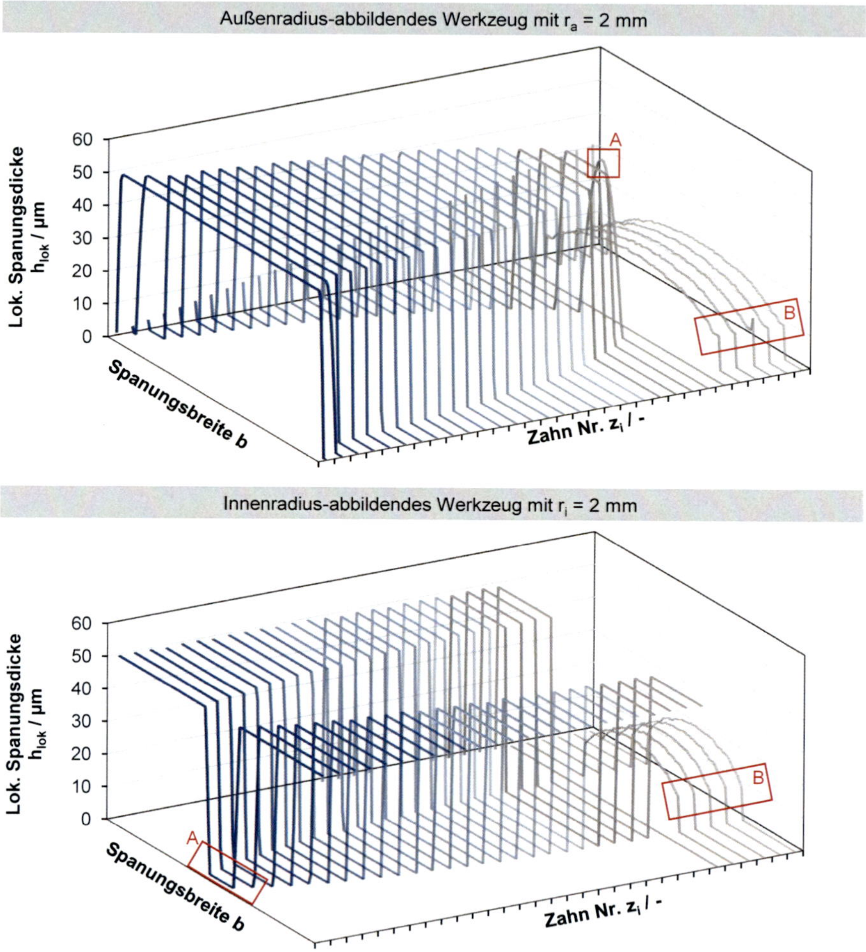

Abbildung 6-4: Lokale Spanungsdicke je Zahn Außenradius- und Innenradius-abbildenden Räumwerkzeugs

Local Chip Thickness per Tooth of an Outer-radius and Inner-radius Generating Broaching Tool

Selbiges wurde bereits von SEIMANN analysiert, welcher sich jedoch rein auf die letzte Werkzeugschneide fokussierte. Spannungsüberhöhungen in diesen Bereichen können ebenfalls in einem vorlaufendem Freiflächenverschleiß oder in Schneidkantenausbrüche resultieren [SEIM18b]. Die entwickelte Eingriffsmodellierung ermöglicht folglich prädiktiv die Identifikation von kritischen Bereich entlang des gesamten Räumwerkzeugs.

Abbildung 6-5 zeigt den über die Intervalllänge aufsummierten Spanungsquerschnitt für jeweils drei verschiedene zu fertigende Radien. Es sind deutlich die verschiedenen Verläufe im Vergleich zwischen Außen- und Innenradiuswerkzeug zu erkennen. Auf Basis etablierter Kraftmodelle, wie beispielsweise dem KIENZLE-Modell, ist bekannt, dass der Verlauf des Spanungsquerschnitts stark mit der wirkenden Zerspankraft korreliert, weshalb die Analyse der Spanungsquerschnitte eine erste Prädiktion des Kraftverlaufs ermöglicht. Des Weiteren zeigt sich, dass beim Außenradiuswerkzeug die Zähne z_1 und z_2 einen deutlich größeren Spanungsquerschnitt aufweisen. Es ist möglich, dass der Verschleißfortschritt an diesen Zähnen größer und demnach standzeitbestimmend ist.

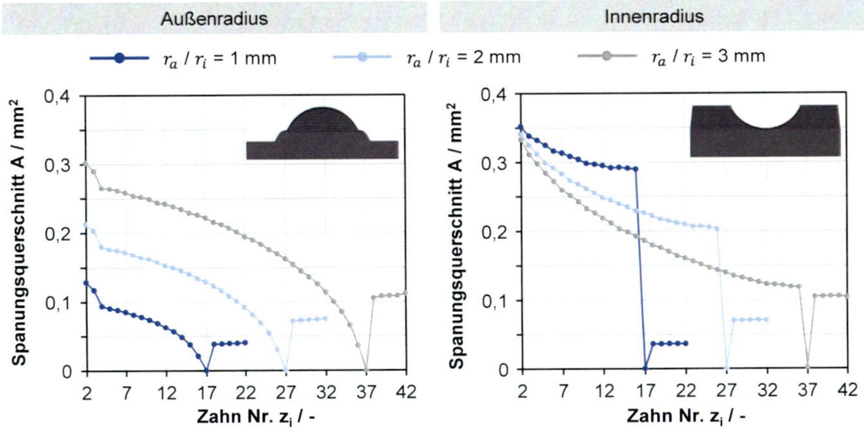

Abbildung 6-5: Spanungsquerschnitt entlang eines Räumwerkzeugs in Abhängigkeit vom zu fertigenden Profil

Chip Cross Section along a Broaching Tool Depending on the Profile to be Machined

Auf Basis der Information der lokalen Spanungsdicke über ein gesamtes Räumwerkzeug kann anschließend die lokale mechanische und thermische Werkzeug- und Werkstückbelastung modelliert werden. Dafür werden im nachfolgenden Kapitel analytische Modelle der Schnitt- und Schnittnormalkraft sowie der Wärmestromdichte ins Werkstück für den vorliegenden Anwendungsfall entwickelt. Die vorgestellte Methode ist auf sämtliche andere Anwendungsfälle des Räumens übertragbar.

6.2 Analytische Modellierung der thermo-mechanischen Werkstückbelastung

Analytical Modeling of the Thermal and Mechanical Workpiece Loading

In Kapitel 2.3 und 2.4 wurde die Notwendigkeit zur Entwicklung von analytischen Modellen zur Beschreibung des thermo-mechanischen Lastkollektivs herausgearbeitet. Insbesondere hinsichtlich der thermischen Werkstückbelastung existieren bislang lediglich analytische Modelle für andere Fertigungsprozesse wie der Fräs- oder Drehbearbeitung. Die sehr niedrigen PÉCLET-Zahlen beim Räumen aufgrund der niedrigen Spanungsdicken und Schnittgeschwindigkeiten und der damit einhergehende große Wärmestromanteil in das Werkstück erfordern die Entwicklung eines Temperaturmodells für den vorliegenden Parameterraum. Bisherige Arbeiten zur Temperaturmodellierung beim Räumen bezogen sich primär auf die Temperaturverteilung im Werkzeug [GIER15; PENG21].

In diesem Kapitel wird eine detaillierte Analyse des Wärmestroms und der Temperaturverteilung im Werkstück durchgeführt, um anschließend eine Abschätzung für die daraus resultierende Wärmedehnung des Werkstücks abzuleiten. In der Literatur existieren diverse Kraftmodelle für das Räumen von Nickelbasislegierungen. Jedoch beschränken sich diese auf einen abweichenden Parameterraum [LANG05; BOEV17] bzw. auf das Räumen mit Hartmetallwerkzeugen [BERG19]. Im Zuge der Temperaturmodellierung wird daher parallel ein Kraftmodell aus den Orthogonalschnittversuchen abgeleitet, sodass ein Einfluss von unterschiedlichen Werkstoffchargen, Substraten oder Prozessparametern auf die beiden Modelle ausgeschlossen werden kann. In der Literatur wird zur Bestimmung der in der Zerspanung entstehenden Wärmemenge häufig die Schnittkraft zur inversen Kalibrierung eines Temperaturmodells über die eingebrachte Schnittleistung verwendet [AUGS19].

In Abbildung 6-6 ist der Versuchsprüfstand auf der Außenräummaschine der Fa. FORST gezeigt. Im Unterschied zum konventionellen Räumprozess wurde das Werkzeug (Nr. 1) in eine konstruierte Aufnahme (Nr. 2) auf dem Maschinentisch aufgespannt, die Werkstückprobe (Nr. 3) wurde im Räumbalken (Nr. 4) platziert und mittels Klemmsteinen (Nr. 5) im Werkzeughalter (Nr. 6) gespannt.

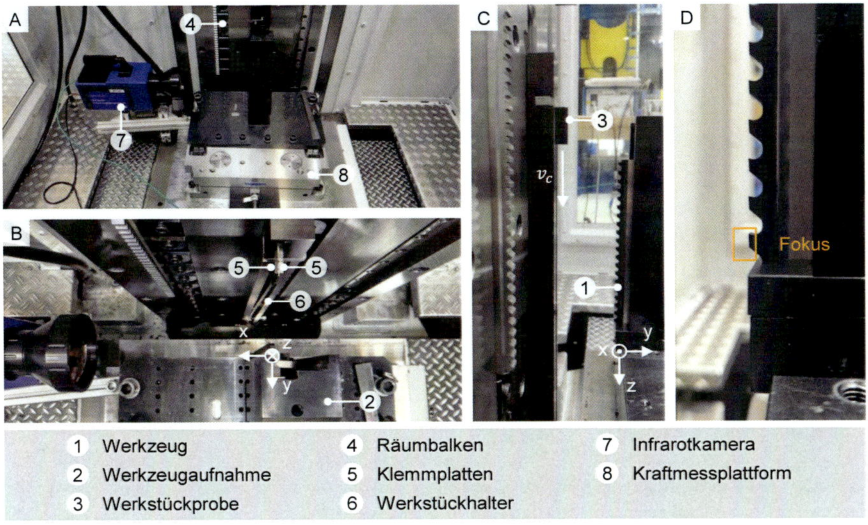

Abbildung 6-6: Versuchsaufbau zur Ermittlung des Zerspankraft- und Wärmestrommodells

Experimental Setup for Determining the Cutting Force and Heat Flux Model

Die Versuchsparameter sind in Tabelle 6-1 dargestellt. Der relevante Parameterbereich setzte sich aus den Größen Spanungsdicke h, Spanwinkel γ, Freiwinkel α und der Schnittgeschwindigkeit v_c zusammen. Die Größen wurde jeweils im für das Räumen mit HSS-Werkzeugen typischen Parameterraum variiert. Die Parameter der Orthogonalschnittversuche entsprechen darüber hinaus denen der Grundlagenversuche zur Analyse elastischer Effekte aus Kapitel 5. Als Werkzeuge wurden ebenfalls die Tiefenstechwerkzeuge aus Kapitel 5 verwendet, sodass es keine Unterschiede zwischen Schneidkantenverrundung, Schneidstoff und Geometrie gab. Je Werkzeug wurde die Schnittgeschwindigkeitsvariation und zwei Wiederholversuche durchgeführt, was in einer Anzahl an Hüben von n = 9 je Werkzeug resultierte. Folglich kann analog zu den bisherigen Untersuchungen ein Verschleißeinfluss ausgeschlossen werden (vgl. Kapitel 5.2). Der Werkstoff wurde in Form von rechteckigen Platten mit einer Breite von b_{ws} = 1,5 mm vorbereitet. Die Werkstückhöhe und folglich auch die Schnittlänge betrug l_c = 45 mm.

Tabelle 6-1: Versuchsparameter für die Untersuchungen im orthogonalen Schnitt

Experimental Parameters for the Investigations in Orthogonal Cutting

Spanungsdicke h	5 µm	20 µm	40 µm	60 µm	80 µm
Spanwinkel γ	5°	10°	15°	-	-
Freiwinkel α	1,5°	3°	5°		
Schnittgeschwindigkeit v_c	3 m/min	5 m/min	7 m/min	-	-

Zur Messung des thermo-mechanischen Lastkollektivs im Orthogonalschnitt wurde diverse Messtechnik verwendet. Zum einen wurde analog zu den Versuchen aus Kapitel 5 eine Kraftmessplattform vom Typ Z21289 der Firma KISTLER INSTRUMENTE GMBH eingesetzt. Die Kraftmessplattform weist eine Messauflösung von ΔF = 0,01 N bei einer Abtastrate von f_{ab} = 10 kHz auf. Zur thermografischen Messung der Temperaturverteilung im Werkstück wurde eine Infrarotkamera vom Typ SC7600 der Firma FLIR eingesetzt. Die Funktionsweise der Infrarotkamera basiert auf der Thermographie. Die Temperaturfelder des aufgenommenen Bereichs werden durch die Strahlungsintensität der von dem Körper abgegebenen elektromagnetischen Wellen bestimmt. Je wärmer der zu messende Körper ist, desto höher ist dessen elektromagnetische Strahlungsintensität. Die Wärmeübertragung findet im Allgemeinen in einem Wellenlängenbereich zwischen 0,8 µm < $\lambda_{wü}$ < 400 µm statt [BÖCK18]. Die Infrarotenergie wird über eine Optik auf den Infrarotdetektor fokussiert und als Bild verarbeitet. Jeder Pixel des Bildes entspricht dabei einer Temperaturmessung [FLIR11]. Der Infrarotdetektor der verwendeten Thermographiekamera bestand aus Indiumantimonid (InSb), welches Wärmestrahlungen im Wellenlängenbereich zwischen 1,5 µm < λ_{IR} < 5,5 µm detektiert. Die thermische Empfindlichkeit lag bei $NETD$ < 20 mK. Die Kamera wurde in einem Abstand von 300 mm zum Messobjekt positioniert. Daraus resultierte eine Pixelauflösung in den Versuchen von 464 x 504 Pixeln mit einem Pixelabstand von 15 µm. Die Thermographiekamera zeichnete mit einer Bildwiederholrate von 100 Hz auf und wurde für einen Temperaturbereich zwischen 5 °C < T_{kal} < 300 °C kalibriert. Um den Emissionsgrad der metallischen Oberflächen an Werkstück und Werkzeug dem eines schwarzen Körpers anzunähern, wurden diese vor der Versuchsdurchführung mit hitzebeständigem Schwarzlack beschichtet. Dadurch werden Reflexionseffekte vermieden und die Temperaturmessung nicht beeinflusst.

Zerspankraftmodell

In Abbildung 6-7 ist ein beispielhafter Messschrieb der Schnitt- bzw. Schnittnormalkraft aus den Orthogonalschnittversuchen dargestellt. In den Versuchen wurden mehrschneidige Werkzeuge eingesetzt, wobei die Gesamtzustellung des Werkzeugs lediglich das 1,5-fache der Spanungsdicke betrug. Durch dieses Vorgehen wurde sichergestellt, dass die letzte Werkzeugschneide die nominelle Spanungsdicke zerspant, ein minimales Maß an Interaktionen zwischen den Werkzeugschneiden stattfindet und dadurch die Kraftwerte zur Modellbildung geeignet sind. Der Gültigkeitsbereich der Modelle bezieht sich auf den in Tabelle 6-1 aufgespannten Parameterraum. Aufgrund eines höheren Bestimmtheitsmaßes R^2 im Vergleich zum KIENZLE-Modell wurde für die nachfolgenden Analysen der mechanischen Effekte ein lineares Regressionsmodell verwendet. Das Bestimmtheitsmaß R^2 ist ein Maß zur Bewertung der Aussagekraft von Regressionsmodellen und beschreibt den durch das mathematische Modell erklärten Anteil der Gesamtvariabilität der Kraftdaten [SIEB17]. Das KIENZLE-Modell mit einem Bestimmtheitsmaß von R^2 = 94,3 % für die Schnittkraft bzw. R^2 = 93,9 % für die Schnittnormalkraft kann dem Anhang entnommen werden (Abbildung 10-4).

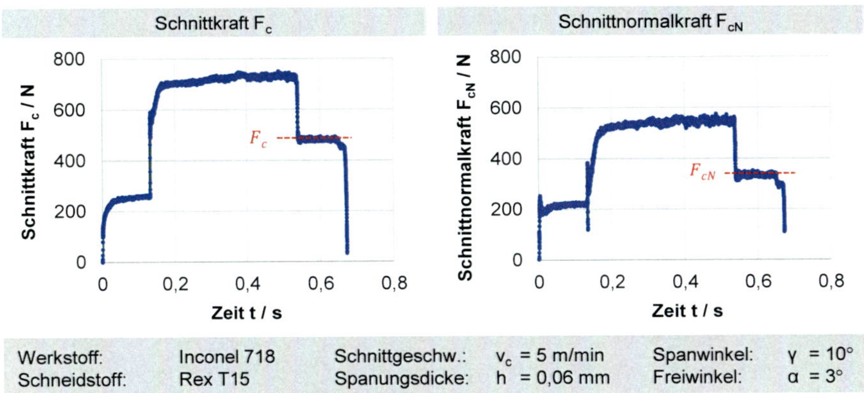

Abbildung 6-7: Auswertemethodik zur Erstellung eines Kraftmodells

Evaluation Methodology for the Development of a Force Model

Die Regressionsgleichung bezieht die vier unabhängigen Variablen, die Werkzeug- und Prozessparameter sowie die Wechselwirkungen dieser bis zur vierten Ordnung ein. Daraus ergibt sich folgende Regressionsgleichung:

$$F_i' = \alpha_0 + \alpha_1 h + \alpha_2 \gamma + \alpha_3 \alpha + \alpha_5 h \gamma + \alpha_6 h v_c + \alpha_7 h \alpha + \alpha_8 \gamma v_c + \alpha_9 \gamma \alpha + \alpha_{10} v_c \alpha + \alpha_{11} h \gamma v_c + \alpha_{12} h \gamma \alpha + \alpha_{13} h v_c \alpha + \alpha_{14} \gamma v_c \alpha + \alpha_{15} h \gamma v_c \alpha \quad (6.1)$$

Tabelle 6-2 gibt die Regressionskoeffizienten für die bezogene Schnitt- und Schnittnormalkraft F_c' / F_{cN}' wieder. Diese wurden mittels einer schrittweisen Varianzanalyse mit einem Signifikanzniveau von α_s = 5 % ermittelt [SIEB17]. In den beiden Regressionsgleichungen haben jeweils die vier unabhängigen Variablen (Spanungsdicke, Spanwinkel, Freiwinkel und Schnittgeschwindigkeit) sowie die Wechselwirkungen zwischen Spanungsdicke und Spanwinkel respektive Spanungsdicke und Schnittgeschwindigkeit einen signifikanten Einfluss. Erstere Wechselwirkung ist auf eine Zerspanung im Bereich der Schneidkantenverrundung bei geringen Spanungsdicken und somit einem geänderten effektiven Spanwinkel zurückzuführen [SEIM19]. Den Modellen liegt eine normalverteilte Datenbasis ohne Auffälligkeiten zugrunde.

Tabelle 6-2: Regressionskoeffizienten zur Bestimmung der Zerspankraftkomponenten

Coefficients of the Regression Function for the Force Determination

		α_0 (-)	α_1 h / mm	α_2 γ / °	α_3 v_c / m/min	α_4 α / °	α_5 $h \cdot \gamma$	α_6 $h \cdot v_c$
F_c'	N/mm	57,66	5538	1,973	2,32	-2,339	-86,6	-145,6
F_{cN}'	N/mm	81,7	4221	-0,18	4,26	-2,072	-106	-180,8

Werkstückbezogenes Wärmestrommodell

Um die Temperaturverteilung im Werkstück mit Hilfe der analytischen Lösung nach JAEGER berechnen zu können (vgl. Gleichung 2.17), ist die Kenntnis über den Wärmestromanteil in das Werkstück notwendig. Wie in Kapitel 2.3 beschrieben existieren in der Literatur viele Arbeiten, welche von einer gemessenen mechanischen Belastung bzw. der Schnittleistung und einer relativen thermographischen Messung des Wärmeeintrags auf den werkstückbezogenen Wärmestromanteil schließen (vgl. Gleichung 2.13). Aufgrund der entlang der Werkzeuggeometrie lokal variierenden Werkzeuggeometrieparametern gilt es auch, den ins Werkstück induzierten Wärmestrom lokal aufgelöst zu spezifizieren. Zur Entwicklung eines Regressionsmodells in Abhängigkeit von den variierenden Parametern wird im Folgenden eine Methode zur Modellbildung angewendet, welche lediglich den thermischen Zustand des Werkstücks einbezieht.

Der thermische Zustand des Werkstücks wurde durch die Infrarotkamera für sämtliche in Tabelle 6-1 dargestellten Versuchspunkte ermittelt. Der Fokus der Kamera lag auf der letzten Werkzeugschneide des Räumwerkzeugs, wodurch die gesamte Temperaturverteilung in das an der Schneide mit Schnittgeschwindigkeit v_c vorbeibewegte Werkstück aufgenommen wurde (siehe Abbildung 6-8). Das eingezeichnete Koordinatensystem entspricht dem späteren Modell-Koordinatensystem der bewegten Wärmequelle nach JAEGER. Die Wärmequelle wird entlang der x-Achse bewegt, die z-Achse spiegelt die Tiefe in das Werkstück wider. Entlang der Werkstückbreite (senkrecht zur Bildebene) wurde eine konstante Temperaturverteilung angenommen. Diese Annahme wurde für die analytische Temperaturmodellierung von AUGSPURGER bestätigt [AUGS18] und von GIERLINGS bereits für das Räumen angewendet [GIER15].

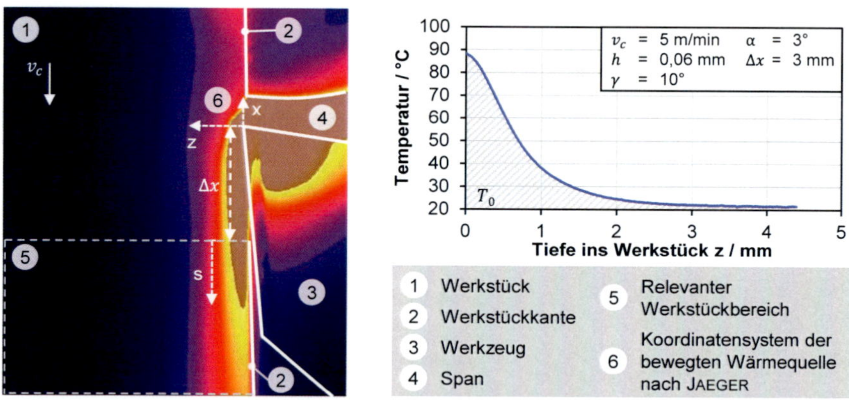

Abbildung 6-8: Temperaturverteilung in der Zerspankontaktzone und beispielhafter Temperaturverlauf in die Tiefe des Werkstücks

Temperature Distribution in the Cutting Contact Zone and Exemplary Temperature Curve into the Depth of the Workpiece

In Abbildung 6-8 ist zu erkennen, dass die maximalen Temperaturen in der Zerspanzone außerhalb des kalibrierten Messbereichs der Infrarotkamera lagen. Aus diesem Grund wurde die Auswertung der Wärmeströme in einem Abstand von Δx = 2 mm zur Schneidkante gestartet. Das diese Vorgehensweise zu keiner signifikanten Abweichung in der berechneten Wärmemenge führt, wird im weiteren Verlauf dieses Kapitels anhand Abbildung 6-9 gezeigt.

Abbildung 6-8 zeigt auf der rechten Seite einen beispielhaften Temperaturverlauf für die Position Δx = 3 mm. Die maximale Temperatur liegt erwartungsgemäß an der Werkstückoberfläche bei z = 0 mm vor. In Richtung der Werkstücktiefe sinkt die Temperatur mit abnehmendem Temperaturgradienten gegen die initiale Werkstücktemperatur T_0. Das Integral der Kurve ist die in das Werkstück eingebrachte Wärmemenge Q_{WS}, welche analytisch berechnet wird. Analog zum Stand der Technik wurde die in das Werkstück eingebrachte Wärmemenge über die Änderung der inneren Energie im stationären Zustand bestimmt. Der zur Bestimmung betrachtete Werkstückbereich erstreckte sich von der Werkstückkante entlang der z-Achse bis zum Ende der Bildaufnahme (vgl. Nr. 5). Durch Anwendung des ersten Hauptsatzes der Thermodynamik und Vernachlässigung der abgeführten Wärmemenge ergibt sich die Wärmemenge im Werkstück wie folgt:

$$Q_{WS} = \Delta U_{WS} = l_c \cdot b \cdot \rho_{WS} \cdot c_{p,WS}(T) \cdot \int_0^{z_{max}} (T(z) - T_o)dz \tag{6.2}$$

Da die Infrarotkamera die Temperaturverläufe lediglich in Form diskreter Werte für jeden aufgenommenen Pixel widergibt, wurde die obige Gleichung durch ein Riemann-Integral angenähert (Gleichung 6.3). Dabei wurde das Integral in gleichmäßige Intervalle mit Pixelbreite Δz unterteilt.

$$Q_{WS} = l_c \cdot b \cdot \rho_{WS} \cdot \sum_{i=0}^{i=z_{max}} c_{p,WS}(T_i) \cdot (T_i - T_0) \cdot \Delta z \tag{6.3}$$

Hierbei ist $T(z)$ bzw. T_i die Werkstücktemperatur an der Stelle z bzw. i, ρ_{WS} die Dichte des Werkstoffs und $c_{p,WS}(T)$ die spezifische Wärmekapazität des Werkstoffs in Abhängigkeit von der Temperatur. Die Dichte von Inconel 718 beträgt ρ_{WS} = 8,199 g/dm^3. Die spez. Wärmekapazität in Abhängigkeit von der Temperatur wurde für einen Temperaturbereich von 0 – 200°C nach der folgenden Regressionsgleichung nach [AUGS19] berechnet:

$$c_{p,Inconel} = -0{,}0001 \cdot T^2 + 0{,}1133 \cdot T + 447{,}78 \tag{6.4}$$

Durch Wärmeverluste in Folge von Konvektion und Wärmestrahlung ist zu vermuten, dass die mittels Gleichung 6.3 berechnete Wärmemenge mit zunehmenden Abstand Δx zur Schneidkante abnimmt. Abbildung 6-9 zeigt jedoch, dass die Abweichung der orthogonal ins Werkstück strömenden Wärmemenge über eine Länge von s = 2,75 mm in einem Bereich von ΔQ < 10 % lag. Der Betrag der Wärmemenge kann daher für den gesamten Bildausschnitt zwischen 0 mm < Δx < 5 mm als annährend konstant angenommen werden. Daher konnte für die Modellbildung ein Mittelwert für die entlang der Werkstückkante berechnete Wärmemenge verwendet werden. Der treppenstufenähnelnde Verlauf der berechneten Wärmemenge kann auf die fehlende Interpolation zwischen diskreten Punkten in x-Richtung zurückführt werden.

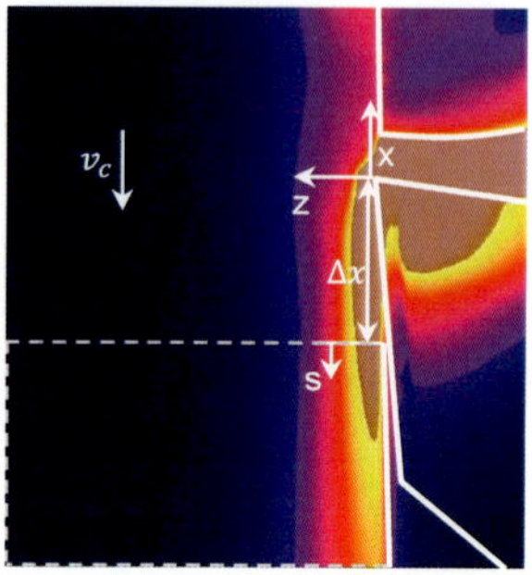

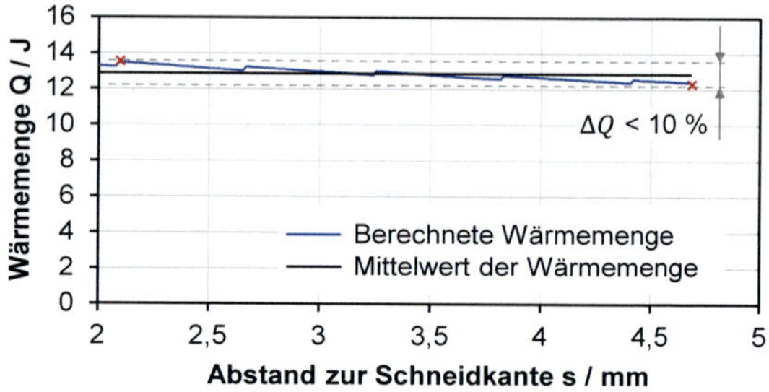

Abbildung 6-9 Berechnete Wärmemenge in Abhängigkeit vom Abstand zur Schneidkante

Calculated amount of heat as a function of the distance to the cutting edge

Zur Bestimmung der Temperatur im Werkstück an der Stelle (X,Z) mittels der JAEGER-Lösung wird der flächenbezogenen Wärmestrom $\dot{q}''_{WS}$ benötigt. Der Wärmestrom $\dot{Q}$ ist die je Zeiteinheit übertragene Wärmemenge Q und ergibt sich folglich aus der Schnittlänge l_c und der Schnittgeschwindigkeit v_c. Der Wärmestrom pro Flächeninhalt, auch Wärmestromdichte genannt (vgl. Kapitel 2.3) wird auf die Kontaktfläche zwischen Werkzeug und Werkstück bezogen, welche sich analog zu PENG aus der Spanungsbreite b und der initialen Verschleißmarkenbreite VB ergibt. Für die Temperaturmodellierung wurde analog zu den Versuche am Wirbelstromprüfstand (Kapitel 5.3) ein initialer und konstanter Freiflächenverschleiß von VB = 30 µm angenommen. Der flächenbezogenen Wärmestrom $\dot{q}''_{WS}$ ergibt sich zu:

$$\dot{q}''_{WS} = \frac{Q_{WS}}{b \cdot VB} \cdot \frac{v_c}{l_c} \tag{6.5}$$

Zur Bestimmung des flächenbezogenen Wärmestroms je Versuchspunkt und Parametervariation wurde ein MATLAB-Programm erstellt, welches die dargelegten Schritte automatisiert durchführte. Analog zur Kraftmodellierung konnte im Anschluss mittels einer statistischen Varianzanalyse ein Regressionsmodell für den flächenbezogenen Wärmestrom beim Räumen von Inconel 718 mit dem Schneidstoff HSS ermittelt werden. Das Modell wurde als lineares Regressionsmodell der vier Werkzeug- und Prozessparameter inklusive der Wechselwirkungen vierter Ordnung ermittelt. Die Regressionsgleichung ergibt sich demnach zu:

$$\begin{aligned}\dot{q}''_{WS} = {} & \alpha_0 + \alpha_1 h + \alpha_2 \gamma + \alpha_3 \alpha + \alpha_5 h v_c + \alpha_6 h v_c + \alpha_7 h\alpha + \alpha_8 \gamma v_c + \alpha_9 \gamma\alpha + \\ & \alpha_{10} v_c \alpha + \alpha_{11} h\gamma v_c + \alpha_{12} h\gamma\alpha + \alpha_{13} h v_c \alpha + \alpha_{14} \gamma v_c \alpha + \alpha_{15} h\gamma v_c \alpha\end{aligned} \tag{6.6}$$

Die Varianzanalyse wurde mit einem Signifikanzniveau von α_S = 5 % durchgeführt. Die signifikanten Regressionskoeffizienten sind in Tabelle 6-3 dargestellt. Das Bestimmtheitsmaß für das Regressionsmodell des flächenbezogenen Wärmestrom beträgt R^2 = 90,2 %.

Tabelle 6-3: **Koeffizienten der Regressionsfunktion zur Bestimmung des flächenbezogenen Wärmestroms**

Coefficients of the Regression Function for Determining the Area-related Heat Flux

		α_0 (-)	α_1 h / mm	α_3 v_c / m/min	α_6 $h \cdot v_c$
$\dot{q}''_{WS}$	W/m²	-63.787.643	1.859.978.718	50.720.094	857.256.555

Die Varianzanalyse ergab, dass lediglich die Spanungsdicke, die Schnittgeschwindigkeit sowie deren Wechselwirkung einen signifikanten Einfluss auf den flächenbezogenen Wärmestrom haben. Die Residuendiagramme der ANOVA-Analyse zeigten keine Auffälligkeiten, weswegen von einer signifikanten Abhängigkeit bezüglich der Modellparameter ausgegangen werden kann. Die Datenbasis ist normalverteilt ohne Auffälligkeiten bezüglich Streuung oder Trends. Als Maß für die Güte der Modelle kann ein Vergleich zwischen der modellierten und der gemessenen Temperaturverteilung angesehen werden. Auf Basis der in Kapitel 2.3 hergeleiteten JAEGER-Lösung für den vorliegenden Anwendungsfall (Gleichung 2-15) wurde ein Temperaturverlauf in Abhängigkeit von der Spanungsdicke in einem Abstand zur Schneidkante von Δx = 3 mm berechnet. Das Ergebnis ist in Abbildung 6-10 dargestellt. Die Abbildung veranschaulicht zudem die Unterschiede in der modellierten und gemessenen Oberflächentemperatur (für z = 0 mm) ebenfalls im Abstand von Δx = 3 mm zur Schneidkante für verschiedene Spanungsdicken bei konstantem Span- und Freiwinkel für drei verschiedene Schnittgeschwindigkeiten.

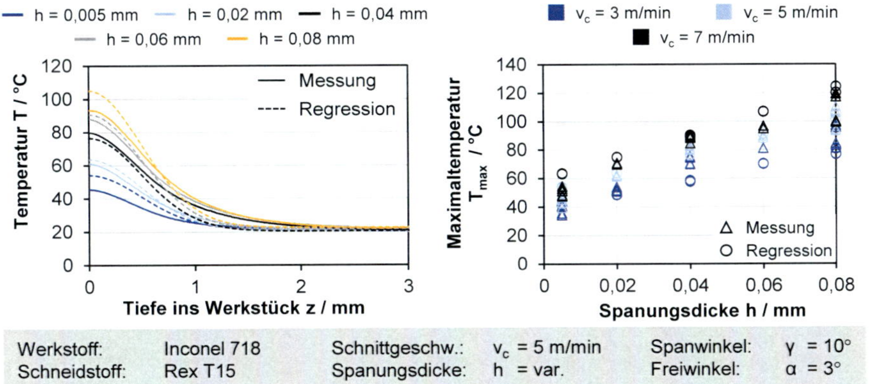

Abbildung 6-10: **Gegenüberstellung der gemessenen und modellierten Temperaturverteilung im Werkstück sowie die maximale Oberflächentemperatur bei Δx = 3 mm**

Comparison of the measured and modeled temperature distribution in the workpiece as well as the maximum surface temperature at Δx = 3 mm

Es ist auffällig, dass in den modellierten Temperaturverläufen die Temperaturgradienten im Vergleich zu den Werten der Messung höher sind. Daraus resultiert ein höherer Temperatureinfluss in das Werkstückinnere in der Messung als bei der Modellierung.

Der höhere Temperaturgradient der Modelle ist in jeder Parameterkombination ersichtlich. Der Gradient ist in erster Linie von dem Exponenten der e-Funktion in der JAEGER-Lösung und somit von der Temperaturleitfähigkeit abhängig. Als Temperaturleitfähigkeit für den Werkstoff wurde ein Literaturwert angenommen. Es kann vermutet werden, dass dieser von dem realen Wert der Temperaturleitfähigkeit abweicht, weswegen ein geringerer thermischer Einfluss ins Werkstückinnere modelliert wird. Die Berechnung der Oberflächentemperatur bei Δx = 3 mm durch die hergeleitete Regressionsgleichung für den flächenbezogenen Wärmestrom ins Werkstück stimmt über den gesamten Spanungsdickenbereich sehr genau mit der gemessenen Temperatur überein. Die Modellgüte wird folglich als hoch bewertet. Der Gültigkeitsbereich bezieht sich auf PÉCLET-Zahlen zwischen 0,1 < N_{Pe} < 3.

In einem nächsten Schritt werden die entwickelten Modelle auf die Räumbearbeitung angewendet und ein thermo-mechanisches Belastungskollektiv abgeleitet, welches die lokalen Werkstückbelastungen zeitlich-aufgelöst für ein gesamtes Räumwerkzeug abbildet.

6.3 Ableitung der zeit- und ortsaufgelösten Werkstückbelastung

Derivation of the Temporally and Spatially Resolved Workpiece Loading

In Kapitel 6.1 wurde das Vorgehen der analytischen Eingriffsmodellierung zur Bestimmung einer lokalen Spanungsdickenverteilung je Schneide über ein gesamtes Räumwerkzeug vorgestellt. Die Modellierung wurde exemplarisch für ein Außenradius-fertigendes sowie ein Innenradius-fertigendes Werkzeug durchgeführt. In Kapitel 6.2 wurde in Zerspanversuchen im orthogonalen Schnitt ein empirisches Zerspankraftmodell sowie ein Modell zur Quantifizierung des Wärmestroms in das Werkstück für das Räumen von Inconel 718 entwickelt. In diesem Kapitel werden die beiden Modelle kombiniert und ein zeitlich- und örtlich aufgelöstes Modell der mechanischen sowie der thermischen Werkstückbelastung abgeleitet. Zusätzlich werden die für die Räumbearbeitung charakteristischen lokalen Span- und Freiwinkelkombinationen einbezogen, welche in Kapitel 2.2 eingeführt wurden. Diese wurden für jede der Schneiden ermittelt und bei der Berechnung der lokalen Zerspankraft mit einbezogen. Abbildung 6-11 zeigt exemplarisch die bezogene Schnittnormalkraft F_{cN}' für das Außenradiuswerkzeug mit r_a = 2 mm in Abhängigkeit vom Zahn z_i.

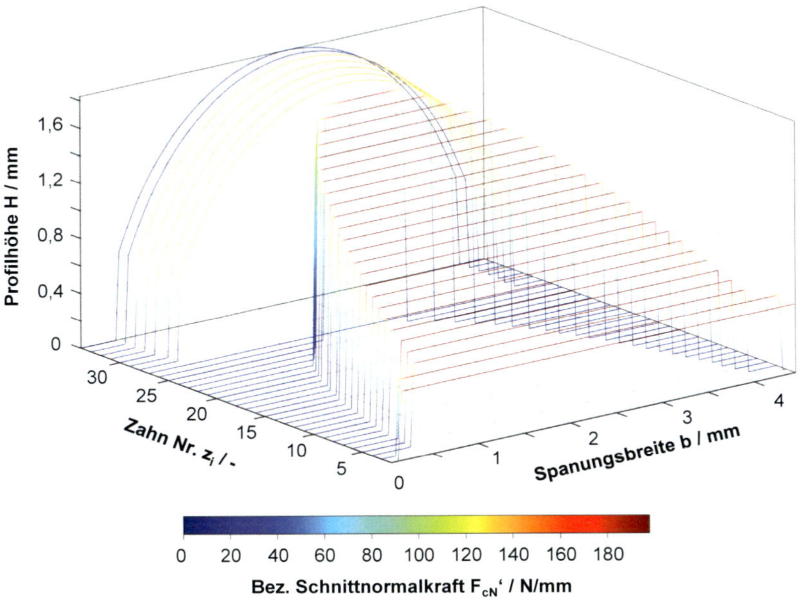

Abbildung 6-11: Darstellung der bezogenen Schnittnormalkraft F'_{cN} am Beispiel des Außenradiuswerkzeugs mit r_a = 2 mm

Representation of the Related Cutting Normal Force F'_{cN} using the Example of the Outer Radius Tool with r_a = 2 mm

Analog dazu kann aus Abbildung 10-5 die Darstellung des Innenradiuswerkzeuges mit r_i = 2 mm entnommen werden. Die Kopplung der Durchdringungsrechnung mit dem

Zerspankraftmodell zeigt das erwartete Bild. An den Stellen größter Spanungsdicke liegen die höchsten Kräfte vor. Insbesondere die Kenntnis über die Zerspankraftverteilung der profilerzeugenden Schneiden z_{28} bis z_{32} ist von hoher Relevanz für die Prädiktion von Geometrieabweichungen. Wie in Kapitel 2.4 erläutert, zeigte MÜCKE mittels Prozesssimulation, dass nicht die maximale Abdrängung über dem Zahneingriff, sondern die Abdrängung während der Erzeugung der Oberfläche entscheidend sei [MÜCK20]. Zusammen mit dem Ergebnis für die Schnittkraft ergibt sich daraus ein örtlich aufgelöstes Zerspankraftprofil je Werkzeugschneide, welches zudem über einen Neigungswinkel λ_s an den industriellen Anwendungsfall angepasst und die Zerspankraftkomponenten vektoriell separiert werden kann. Über das Einbeziehen der Werkstückhöhe H und der Schnittgeschwindigkeit kann zusätzlich ein zeitlich-aufgelöster Verlauf der Zerspankraft über die Schnittzeit abgeleitet werden und mit den empirisch gemessenen Daten im Realversuch verglichen werden. In Abbildung 6-12 ist der Schnittkraftverlauf für das Außenradiuswerkzeug mit r_a = 2 mm für unterschiedliche Teilungsverhältnisse dargestellt. Das Teilungsverhältnis m ergibt sich aus der Division der Werkstückhöhe H und der Werkzeugteilung t. Das linke Diagramm zeigt den Schnittkraftverlauf für unterschiedliche, industrietypische Werkstückhöhen für ein konstantes Teilungsverhältnis von m = 2,5. Das rechte Diagramm zeigt die Effekte eines variierenden Teilungsverhältnisses bei konstanter Werkstückhöhe. Die Validierung der analytischen Kraftmodellierung wird in Kapitel 6.4 durchgeführt.

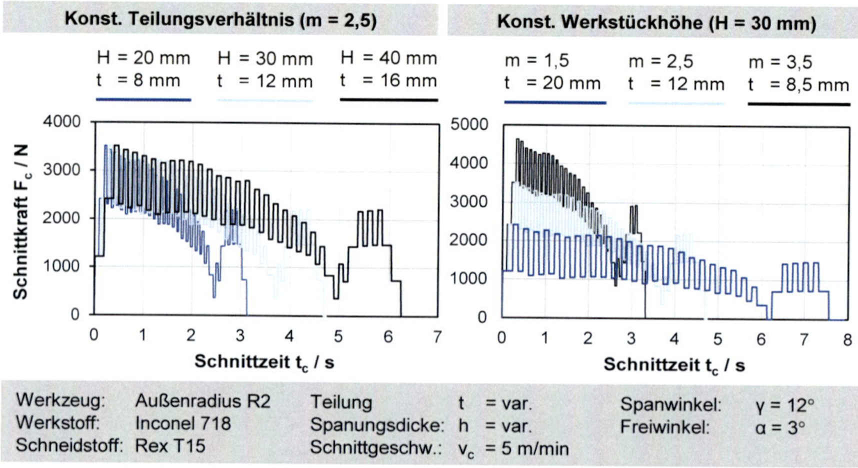

Abbildung 6-12: Verlauf der Schnittkraft in Abhängigkeit vom Teilungsverhältnis

Progression of the Cutting Force in Dependence on the Pitch-Workpiece Ratio

Auf Basis dieser Analysen können Rückschlüsse auf maximale Werkzeug- bzw. Werkstückbelastung sowie auf die benötigte Schnitt- und folglich Prozesszeit gezogen werden und zur Prozessauslegung angewendet werden. Eine beispielhafte Auswertung zum Einfluss des Neigungswinkels ist im Anhang in Abbildung 10-6 dargestellt. Es zeigt insbesondere den Einfluss der zusätzlichen Kraftkomponente, der Passivkraft, für $\lambda_s \neq 0°$, welche einen zusätzlichen seitlichen Kraftanteil auf die Werkstückgeometrie ausübt und für die Prädiktion des elastischen Werkstückverhaltens beim Räumen berücksichtigt werden muss. Auf Basis des analytisch bestimmten Zerspankraftverlaufs und einer vereinfachten Annahme eines Biegebalkens kann die auftretende Werkstückverformung im Prozess prädiktiv mittels Balkentheorie bestimmt und für die Prozessauslegung hinzugezogen werden [GROT14]. Die analytische Berechnung gibt dabei einen ersten Anhaltspunkt für maximale elastische Verformungen und kann für eine iterative Auslegung der Räumwerkzeuge hinzugezogen werden. Dieser Schritt ist insbesondere von der Werkstückgeometrie und dem zu fertigenden Profil abhängig und muss daher anwendungsspezifisch durchgeführt werden.

In Abbildung 6-13 ist in analoger Form zur mechanischen Belastung der flächenbezogene Wärmestrom in das Werkstück dargestellt. Dieser ist entsprechend der ermittelten Regressionsgleichung von der Spanungsdicke und der Schnittgeschwindigkeit abhängig. Die zugrundeliegende Schnittgeschwindigkeit betrug v_c = 5 m/min.

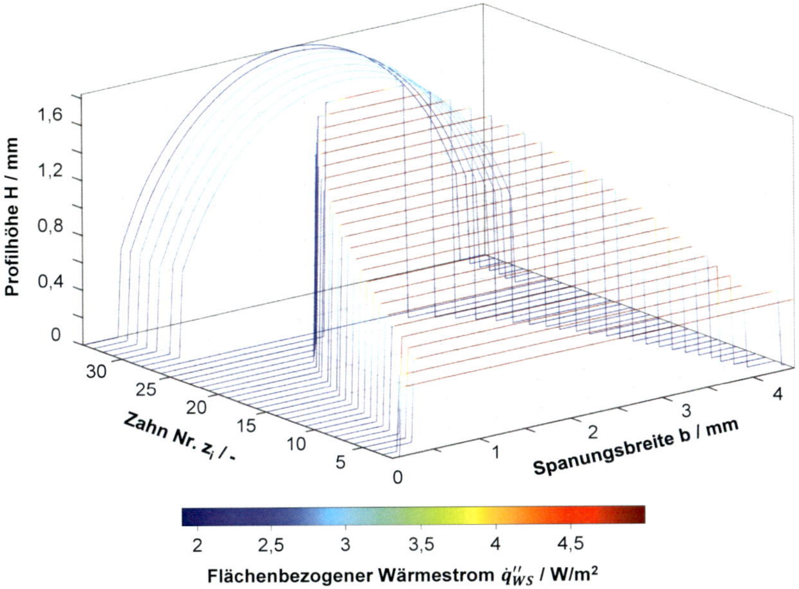

Abbildung 6-13: Darstellung des flächenbezogenen Wärmestroms am Beispiel des Außenradiuswerkzeugs mit r_a = 2 mm

Representation of the Workpiece related Heat Flux using the Example of the Outer Radius Tool with r_a = 2 mm

Mittels der JAEGER-Lösung aus Gleichung 2-15 kann anschließend die Temperaturverteilung im Werkstück berechnet werden aus welcher unter vereinfachten Annahmen eine Abschätzung der thermisch-bedingte Dehnungen getroffen werden kann. Es ist jedoch anzumerken, dass mittels der analytischen Modellierung lediglich die Temperaturverteilung im Werkstück als Resultat der Zerspanung mit einer Schneide ermittelt werden kann. Ein sequentielles Aufsummieren der Wärmeströme ist analytisch nicht möglich. Die vorliegende Datenbasis kann jedoch in zukünftigen Arbeiten als Eingangsdatensatz für numerische Simulationen verwendet werden. Diese sind kein Inhalt der vorliegenden Arbeit.

6.4 Validierung der analytischen Eingriffsmodellierung

Validation of the Analytical Engagement Modelling

Im folgenden Kapitel wird das entwickelte analytische Modell in Zerspanversuchen validiert. Es wurde rein das mechanische Schnitt- und Schnittnormalkraftsignal fokussiert, da eine empirische Validierung der Wärmeströme in das Werkstück für ein mehrschneidiges Werkzeug aufgrund der mathematischen Komplexität nicht analytisch durchgeführt werden kann. Nach dem Stand der Technik beschränkt sich die analytische Modellierung der Wärmeverteilung auf den zweidimensionalen Fall einer einzigen bewegten Wärmequelle. Für die dreidimensionale, mehrschneidige Validierung des Modells sind numerische Simulationen notwendig, die kein Bestandteil der vorliegenden Arbeit sind. Ziel dieses Kapitels ist die Analyse der Rückkopplungseffekte zwischen elastischer Werkstückverformung, effektiver Spanungsdicke und der resultierenden Zerspankraft. In Kapitel 5 konnte gezeigt werden, dass die elastische Werkstückverformung während eines Räumvorgangs im Anschluss an ein charakteristisches Eintrittsverhalten auf einem konstanten Niveau verläuft und kein kontinuierlich verstärkender Effekt stattfindet. Zudem konnten thermische Effekte nachgewiesen werden, welche den mechanischen überlagert jedoch untergeordnet sind.

Die Zerspanversuche wurden auf dem in Kapitel 5 verwendeten Analogieprüfstand durchgeführt. Als Werkzeug wurde das bereits in Kapitel 6.3 analytisch modellierte außenradius-abbildende Räumwerkzeug mit einem Radius von r_a = 2 mm eingesetzt. Die Teilung des Werkzeugs betrug p = 12,5 mm und die Werkstückhohe H = 30 mm, wodurch abwechselnd zwei bzw. drei Zähne im Eingriff waren. Die Schnittgeschwindigkeit betrug v_c = 5 m/min. In Abbildung 6-14 sind das analytisch-modellierte und das empirisch gemessene Schnitt- und Schnittnormalkraftsignal gegenübergestellt. Der analytisch-modellierte Schnitt- und Schnittnormalkraftverlauf über der Schnittzeit zeigt ein deutlich höheres Kraftniveau im Vergleich zur gemessenen Zerspankraft. Es wird jedoch auch deutlich, dass sich der generelle Trend, welcher auf Basis der Ergebnisse der Durchdringungsrechnung (vgl. Abbildung 6-5) zu vermuten war, gut analytisch abbildbar ist. Ein deutlicher Unterschied zeigt sich nach Beenden des eigentlichen Schnittvorgangs. Das Werkzeug weist zwei Kalibrierschneiden auf, welche nominell eine Spanungsdicke von h = 0 mm besitzen. Die empirischen Messschriebe zeigen den Eingriff dieser Schneiden, welche auf die elastischen Verformungen und Rückfederungen während des Räumvorganges zurückzuführen sind. Aufgrund der nominellen Spanungsdicke von h = 0 mm und der fehlenden Rückkopplung sind im analytisch-modellierten Kraftprofil die Ein- und Austritte dieser Schneiden nicht sichtbar.

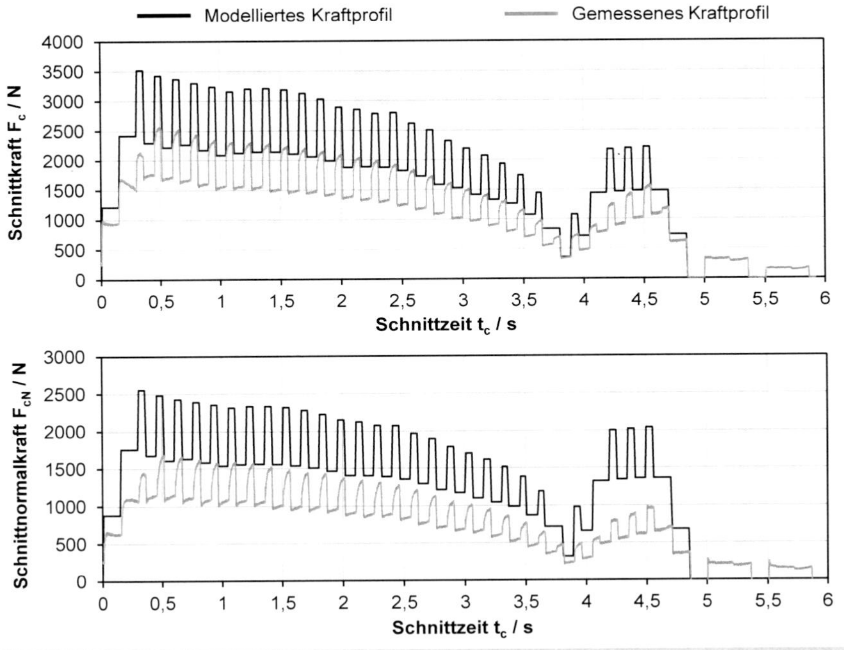

Werkzeug:	Außenradius R2	Teilung	p = 12,5 mm	Spanwinkel:	γ = 12°
Werkstoff:	Inconel 718	Schnittgeschw.:	v_c = 5 m/min	Freiwinkel:	α = 3°
Schneidstoff:	Rex T15	Spanungsdicke:	h = var.	Kühlschmierstoff:	trocken

Abbildung 6-14: Gegenüberstellung des empirischen und analytischen Verlaufs der Schnitt- und der Schnittnormalkraft

Comparison of the Empirical and Analytical Course of the Cutting and Cutting Normal Force

Zur Validierung der analytischen Modellierungsmethodik ist die Analyse der Rückkopplungseffekte zwischen Werkstückverformung und der wirkenden Zerspankraft einzubeziehen. Wie eingangs beschrieben wurden aus diesem Grund die Validierungsversuche auf dem in Kapitel 5 entwickelten Analogieprüfstand durchgeführt. Dadurch ist es möglich, die Werkstückverformung mittels Wirbelstrommessung zu quantifizieren und die Rückkopplungseffekte zwischen elastischer Verformung und Zerspankraft in die Kraftmodellierung einzubeziehen. Abbildung 6-15 zeigt dafür die Signale der radial messenden Wirbelstromsensoren des entsprechenden Versuchs.

In Kapitel 5 wurde detailliert auf die Eintritts- und Austrittseffekte eingegangen. Es konnte gezeigt werden, dass der stoßartige Eintritt zu einer unmittelbaren Werkstückverformung und der Werkzeugaustritt zu einer schnittzeitabhängigen Verformung an der Werkstückunterseite führt. Weiterhin wurde gezeigt, dass die elastische Werkstückverformung im Bereich der Werkstückmitte (Sensor 4) über den Zahneingriff konstant bleibt (vgl. Abbildung 5-3). Zur Validierung der analytischen Zerspankraftmodellierung wird daher die konstante Werkstückverformung im Bereich der Werkstückmitte

$\Delta l_{me}^{rad_4}$ herangezogen (im Folgenden Δl_{me}). Das Kraftsignal zeigte keine Schwankungen beim Ein- und Austritt der einzelnen Schneiden.

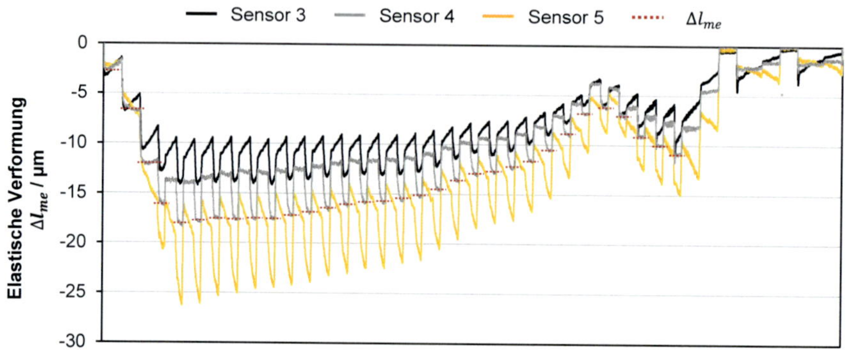

Werkzeug:	Außenradius R2	Teilung	p = 12,5 mm	Spanwinkel:	γ = 12°
Werkstoff:	Inconel 718	Schnittgeschw.:	v_c = 5 m/min	Freiwinkel:	α = 3°
Schneidstoff:	Rex T15	Spanungsdicke:	h = var.	Kühlschmierstoff:	trocken

Abbildung 6-15: Signale der radialen Wirbelstromsensoren

Signals of the Radial Eddy-Current Sensors

Es wird die Annahme getroffen, dass die elastische Verformung zum Zeitpunkt t_c die nominelle Spanungsdicke h_{nom} um den Betrag Δl_{me} reduziert. Die daraus resultierende tatsächlich zerspante Spanungsdicke wird als h_{real} bezeichnet und ergibt sich zu:

$$h_{real} = h_{nom} - \Delta l_{me} \tag{6.7}$$

Übertragen auf die Zerspankraft gilt demnach der folgende Zusammenhang:

$$F_i(h_{real}) = F(h_{nom}) - F(\Delta l_{me}) \tag{6.8}$$

Die reale Zerspankraft $F_i(h_{real})$ entspricht der empirisch gemessenen Zerspankraft aus Abbildung 6-14, die nominelle Zerspankraft dem analytisch-modellierten Kraftprofil. Zur Bestimmung des Effekts auf die Zerspankraft aufgrund der elastischen Werkstückverformung $F(\Delta l_{me})$ wird das in Kapitel 6.2 ermittelte Zerspankraftmodell verwendet und die gemessenen Werte der Wirbelstromsensoren Δl_{me} aus Abbildung 6-15 eingesetzt. Die Auswertung dieser Analyse ist in Abbildung 6-16 für das außenradiusabbildende Werkzeug mit r_a = 2 mm dargestellt.

Durch das Einbeziehen der Rückkopplungseffekte zeigen die empirisch-korrigierten und die analytisch-modellierten Schnitt- und Schnittnormalkraftverläufe ein sehr vergleichbares Kraftniveau. Die geringere Zerspankraft im empirischen Zerspanversuch kann folglich auf die verringerte reale Spanungsdicke aufgrund der elastischen Werkstückverformung zurückgeführt werden. Die mittlere Abweichung, sobald das Werkzeug konstant im Eingriff ist, liegt bei < 5 %. Auffällig ist insbesondere der Zeitraum des Werkzeugeintritts (z_2 bis z_4). In diesem Bereich ist eine verhältnismäßig größere

Korrektur der Zerspankraft sichtbar. Dies kann auf das Eintrittsverhalten des Werkzeugs zurückgeführt werden. Wie bereits in Kapitel 5 erläutert, führt der stoßartige Werkzeugeintritt zu einer initial überproportionalen Verformung.

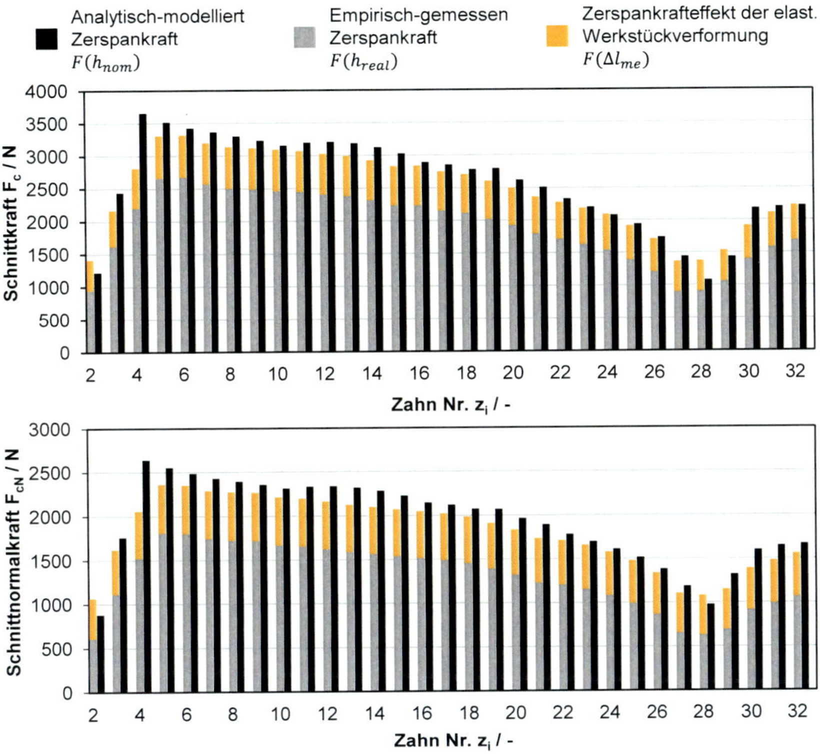

Abbildung 6-16: Gegenüberstellung der empirisch-korrigierten und der analytischen Schnitt- und Schnittnormalkraft

Comparison of the Empirical Corrected and Analytical Cutting and Cutting Normal Force

Das entwickelte analytische Konzept ist folglich für den ideal steifen Fall validiert und ermöglicht somit die Prädiktion der Zerspankraft über den gesamten Räumhub. Die auftretenden elastischen Verformungen und folglich der Unterschied zwischen analytischer und realer Zerspankraft sind insbesondere von der zu fertigenden Geometrie sowie der Position entlang des Profils abhängig und demnach für jeden individuellen Anwendungsfall unterschiedlich.

6.5 Zwischenfazit

Interim Conclusions

Das Ziel dieses Kapitels war die Entwicklung einer analytischen Modellierungsmethodik, welche ort- und zeitaufgelöst die thermo-mechanische Belastung des Werkstücks beim Räumen von Profilnuten quantifizieren kann. Bisherige Modelle zur Eingriffsmodellierung lagen lediglich für die Dreh-, Fräs- und Bohrbearbeitung vor, wobei der wissenschaftliche Fokus aufgrund der komplexen Kinematik auf der 5-Achs-Fräsbearbeitung lag. Im Rahmen von Kapitel 6 wurde eine Methodik zur Eingriffsmodellierung für Räumwerkzeuge erarbeitet und im Anschluss an Analogie-Profilräumwerkzeuge angewendet. Gekoppelt wurde die Eingriffsbetrachtung mit einem Kraft- sowie einem Temperaturmodell, welche in Orthogonalschnittversuchen für die vorliegende Parameterkombination in Bezug auf Werkstoff, Schneidstoff und Prozessparameter ermittelt wurden. Es konnte gezeigt werden, dass durch die Kenntnis der lokalen Spanungsdicke über ein gesamtes Werkzeug die Zerspankraftkomponenten sowie die lokalen Wärmeströme bestimmt werden können. Für die Prädiktion der erzielbaren Maßhaltigkeit liegen nun Kraftverläufe in Abhängigkeit vom Anwendungsfall vor, welche in einem letzten Schritt empirisch validiert wurden. Die Validierung zeigte, dass die in Kapitel 5.3 getroffene Annahmen, dass der nominelle Spanungsquerschnitt durch den Betrag der maximalen Verformung reduziert wird, zutrifft. Dies spiegelt sich wiederum direkt in der Maßhaltigkeit der gefertigten Werkstückgeometrie wieder (Kapitel 5.5). Unter Zuhilfenahme von dem in Kapitel 6.2 ermittelten Zerspankraftmodell konnte bestätigt werden, dass der Unterschied zwischen der analytischen und empirischen Zerspankraft auf den Betrag der elastischen Werkstückverformung zurückgeführt werden kann. Die absolute Abweichung der Messwerte lag im Bereich < 5 %. Das analytische Modell gilt für den ideal steifen Fall und muss flexibel an den jeweiligen Anwendungsfall angepasst werden. Des Weiteren bezieht sich die analytische Eingriffsmodellierung rein auf Schneiden, welche nominell eine Spanungsdicke von $h \neq 0$ mm aufweisen. Die elastischen Verformungen im Prozess führen jedoch dazu, dass das tatsächlich zerspante Volumen von dem nominellen abweicht. Zur Prädiktion der erzielbaren Maßhaltigkeit ist es daher notwendig die Rückkopplungseffekte zwischen der sich ergebenden Spanungsdicke der Kalibrierschneiden und der auftretenden Zerspankraft zu analysieren. Ausgangspunkt stellt die in diesem Kapitel analytisch ermittelte Zerspankraft dar.

7 Vorgehen zur Prädiktion der Maßhaltigkeit von Profilnuten

Process for Predicting the Dimensional Accuracy of Profiled Slots

Das Ziel dieses Kapitels ist die Überführung der bisherigen Erkenntnisse in ein generisches Vorgehen zur Prädiktion der Maßhaltigkeit beim Räumen von Profilnuten. Abschließend wird dieses in Kapitel 7.2 auf den industriellen Anwendungsfall übertragen. In Kapitel 5 konnte durch empirische Messungen gezeigt werden, dass das elastische Werkstückverhalten unmittelbar mit der gefertigten Maßhaltigkeit korreliert. In Kapitel 6 wurde anschließend eine Methodik zur analytischen Modellierung der thermo-mechanischen Werkstückbelastung für den ideal steifen Fall entwickelt und validiert. Zur analytischen Bestimmung der Rückkopplungseffekte im Bereich der Kalibrierschneiden wird im Rahmen von diesem Kapitel eine Konvergenzanalyse durchgeführt. Durch eine empirische Geometriemessung eines geräumten Profils wird abschließend die Eignung dieses Vorgehens zur Prädiktion der Maßhaltigkeit bewertet.

7.1 Ableitung einer Methodik zur Prädikation der Maßhaltigkeit

Derivation of a Methodology for Dimensional Accuracy Predication

Das aus den vorherigen Kapiteln abgeleitete generische Vorgehen zur Prädiktion der Maßhaltigkeit beim Räumen von Profilnuten ist in Abbildung 7-1 dargestellt und wird im Folgenden beschrieben.

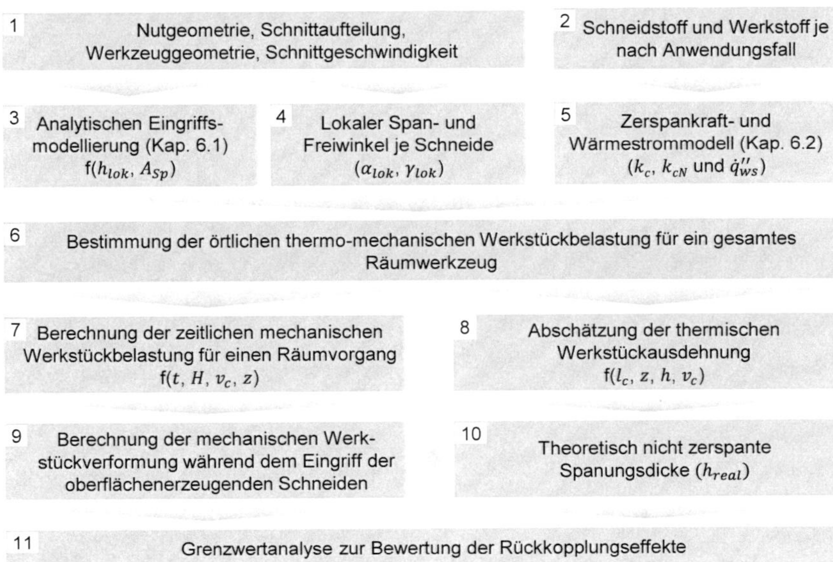

Abbildung 7-1: Ablaufdiagramm zur Prädiktion der erzielbaren Maßhaltigkeit

Flowchart for Predicting the Achievable Dimensional Accuracy

1. Ausgangspunkt stellt die konventionelle Werkzeugauslegung dar, welche in der Industrie etabliert ist und in Kapitel 2.1 dargestellt wurde. Auf Basis einer vom Endanwender definierten Profilnutgeometrie wird anhand mathematischer Berechnungsformeln sowie Erfahrungswissen des Konstrukteurs die Schnittaufteilung sowie die Makro- und Mikrogeometrie der Räumzähne ausgelegt. Die Schnittgeschwindigkeit wird vom Endanwender auf Basis von Verschleißuntersuchungen und metallographische Analysen der Werkstückrandzone definiert.
2. In der Industrie hat sich das Substrat Rex T15 PM für die Räumbearbeitung etabliert. Forschungsseitig stand die Befähigung von Hartmetall als Schneidstoff in den vergangenen Jahren im Fokus, eine industrielle Marktdurchdringung hat bislang jedoch nicht stattgefunden.

Schritt 1 und Schritt 2 stellen den aktuellen Stand der Technik dar. Darauf aufbauend wurden die in Kapitel 5 und 6 dargestellten Arbeiten zur Prädiktion der Maßhaltigkeit durchgeführt.

3. In einem ersten Schritt wurde eine analytische Eingriffsmodellierung entwickelt. Auf Basis der Werkzeugzeichnung kann dadurch bereits während der Werkzeugauslegung der theoretische Spanungsquerschnitt je Schneide sowie die lokale Spanungsdicke entlang jeder einzelnen Schneide für ein gesamtes Räumwerkzeug ermittelt werden.
4. Die Ermittlung der lokalen Span- und Freiwinkel je Werkzeugschneide entspricht dem Stand der Technik in der Räumbearbeitung und wurde aus Vorarbeiten adaptiert [SEIM19].
5. Ein Zerspankraft- sowie Wärmestrommodell in das Werkstück wurde im Rahmen dieser Arbeit für die Kombination aus dem Schnellarbeitsstahl Rex T15 PM und dem Werkstoff Inconel 718 entwickelt. Die Übertragbarkeit auf andere Anwendungsfälle wurde im Rahmen dieser Arbeit nicht überprüft.
6. Durch die Kopplung der zuvor erläuterten Analysen wird anschließend ein örtliches thermo-mechanisches Belastungskollektiv für ein gesamtes Räumwerkzeug berechnet. Dieses thermo-mechanische Belastungskollektiv stellt den Ausgangspunkt für weiterführende Analysen wie beispielsweise der Verschleißmodellierung oder der Überwachung der Werkstückrandzone dar.
7. Die daraus resultierende Zerspankraft im Prozess sowie deren zeitlicher Verlauf ist des Weiteren von den Parametern der Teilung t, der Werkstückhöhe H, der Schnittgeschwindigkeit v_c sowie der Werkzeuglänge in Form der Zähnezahl z abhängig.
8. Zur Abschätzung der thermisch-bedingten Werkstückausdehnung kann unter Einbeziehen des Regressionsmodells aus Kapitel 6.2, der Parameter Schnittlänge l_c, Spanungsdicke h und Schnittgeschwindigkeit v_c und der JAEGER-Lösung eine absolute Temperatur an einer beliebigen Stelle (X,Y) berechnet werden. Die thermisch-bedingte Dehnung ergibt sich anschließend aus dem Zusammenhang:

$$\Delta l_{th} = \alpha \cdot b \cdot (T_{max} - T_0) \tag{7.1}$$

Es gilt jedoch zu beachten, dass dafür eine konstante Temperatur im gesamten Bauteil angenommen werden muss. Der Einfluss periodisch eintretender Schneiden und die damit einhergehende Ausbreitung des Temperaturfelds bedarf dem Einsatz numerischer Methoden. Für eine Abschätzung der thermischen Dehnung wird analog zur Kapitel 6.2 ein homogenes Temperaturfeld in einem Abstand von Δx = 2 mm zur Schneidkante angenommen. Die Annahme wird dadurch unterstützt, dass im industriellen Anwendungsfall die Räumwerkzeuge eine Länge von bis zu 8 m bei einer Teilung von t = 10 mm aufweisen, wodurch zu vermuten ist, dass sich letztendlich im Bauteil ein stationäres Temperaturfeld in Höhe der maximalen Oberflächentemperatur ausbildet.

9. Zur Berechnung der elastischen Verformung aufgrund mechanischer Effekte wird die Biegebalkentheorie angewendet. Die Übertragung des allgemeingültigen Modells auf den vorliegenden Anwendungsfall ist im Anhang in Abbildung 10-7 dargestellt [GROT14]. Als mechanische Belastung wird die bez. Schnittnormalkraft F'_{cN} verwendet, welche die radiale Werkstückaufweitung verursacht. Die mechanische elastische Verformung in radialer Richtung berechnet sich unter der Annahme einer konstanten Streckenlast zu:

$$\Delta l_{me} = \frac{F'_{cN} \cdot T^4}{8EI_y} \tag{7.2}$$

Dabei ist I_y das Flächenträgheitsmoments aus Gleichung 4.1, E das werkstoffspezifische Elastizitätsmodul und T die variierende Auskraglänge bzw. Nuttiefe.

10. Aus der Superposition der Schritte 8 und 9 wird anschließend das elastische Werkstückverhalten bestimmt und die Abweichung zum idealisierten Fall bestimmt. Ergebnis ist die theoretische, nicht-zerspante Spanungsdicke vor dem Eintritt der Kalibrierschneiden.
11. In einem dritten Schritt wird eine Konvergenzanalyse durchgeführt, welche die Rückkopplungseffekte zwischen Schnittnormalkraft, elastischer Werkstückverformung und zerspantem Volumen im Bereich der Kalibierschneiden analysiert und die erzielbare Maßhaltigkeit in Form des Grenzwerts ermittelt.

Zur Bestätigung der Gültigkeit dieses Gestaltungsrahmens wird dieser im Folgenden an dem Außenradiuswerkzeug mit r_a = 2 mm validiert (Kapitel 7.1). Im Anschluss findet die Übertragung der gesamten Methodik auf eine industrielle Profilnutgeometrie statt (Kapitel 7.2).

Die bezogene Schnittnormalkraft F_{cN}' der oberflächenerzeugenden Schneiden ergibt sich auf Basis der in Kapitel 6.4 durchgeführten Analysen zu F_{cN}' = 140 N/mm (vgl. Abbildung 6-11). Die maximale Oberflächentemperatur der letzten zerspanenden Schneide wurde mit Hilfe der JAEGER-Lösung für v_c = 5 m/min und h = 20 µm in einem Abstand von Δx = 2 mm zur Scherzone zu T = 71,03 °C berechnet. Der Zerspanversuch mit dem genannten Außenradiuswerkzeug wurde bei einer Auskraglänge bzw. Nuttiefe von T = 20 mm, einer Probenbreite von b = 8,65 mm und einer Probenhöhe von H = 30 mm durchgeführt. Das Einsetzen dieser Größen in die Gleichungen (7.1) und (7.2) ergeben eine maximale thermische Dehnung von Δl_{th} = 5,2 µm sowie eine elastische Verformung von Δl_{me} = 8,4 µm. Der Wert der maximalen thermischen Werkstückausdehnung ist deckungsgleich mit dem Messwert des Wirbelstromsensors des Versuchs mit dem Radiuswerkzeug, wodurch die oben getroffene Annahme bzw. Vereinfachung bestätigt werden kann.

Schritt 11 des generischen Vorgehens umfasst die Konvergenzanalyse der Kalibrierschneiden. Das Ergebnis ist in Abbildung 7-2 dargestellt. Die Konvergenzanalyse wurde rein für die mechanische Werkstückverformung durchgeführt, da die Gestaltungsrichtlinien zur Kompensation der thermischen Effekte primär in der Prozessführung liegen. Die Werkzeug- und Werkstückparameter können der Abbildung 7-2 entnommen werden. Zahn z_{32} bezeichnet den letzten, nominell schneidenden Räumzahn (vgl. Abbildung 6-4). Für die Konvergenzanalyse wurden vier theoretische Kalibierschneiden angenommen. Als Ausgangspunkt wurde die analytisch bestimmte bezogene Schnittnormalkraft F_{cN}' als konstante Streckenlast angesetzt (Punkt 1). Die daraus resultierende elastische Werkstückverformung ergibt sich wie oben erläutert zu Δl_{me} = 8,4 µm (vgl. Punkt 2). Unter Einbeziehung des aufgestellten Kraftmodells und dem Wert der elastischen Werkstückverformung als theoretische Spanungsdicke der ersten Kalibrierschneide ergibt sich eine bez. Schnittnormalkraft der ersten Kalibrierschneide von $F'_{cN,K1}$ = 111 N/mm (Punkt 3). Aus der theoretischen Betrachtung der Rückkopplungseffekte für vier theoretische Kalibrierschneiden ergibt sich das folgende Konvergenzverhalten für den vorliegenden Fall.

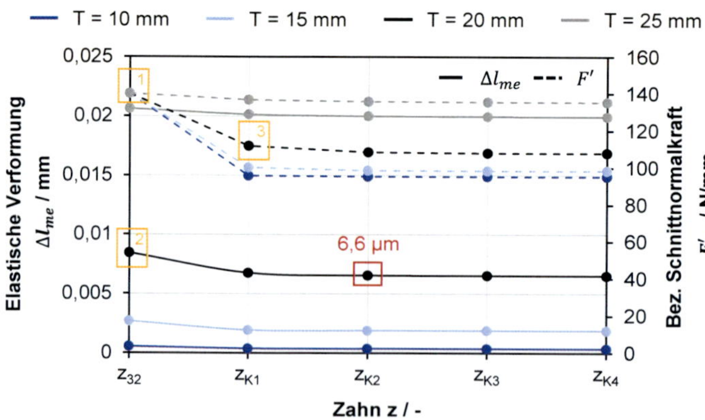

Werkzeug:	Außen R2	Zähnezahl:	z_n = 32	Stegbreite:	B = 8,65 mm
Werkstoff:	Inconel 718	Kalibrierschneiden:	$z_{K,n}$ = 4	Werkstückhöhe:	H = 30 mm
Schneidstoff:	Rex T15	Schnittgeschw.:	v_c = 5 m/min	Nuttiefe:	T = var.

Abbildung 7-2: Analyse der Konvergenz in Abhängigkeit von der Nuttiefe *T*

Analysis of Convergence as a Function of Groove Depth T

Das Räumwerkzeug des entsprechenden Zerspanversuchs wies zwei Kalibrierschneiden auf. Der theoretische Grenzwert der erzielbaren Maßhaltigkeit liegt folglich bei

$\Delta l_{me,K2}$ = 6,6 µm. Zur Bewertung des generischen Vorgehens wurde die Linienabweichung dieses Versuches messtechnisch mittels KMG-Messung analog zu dem Messvorgehen in Kapitel 5.5 ermittelt. Die Auswertung ist in Abbildung 7-3 dargestellt.

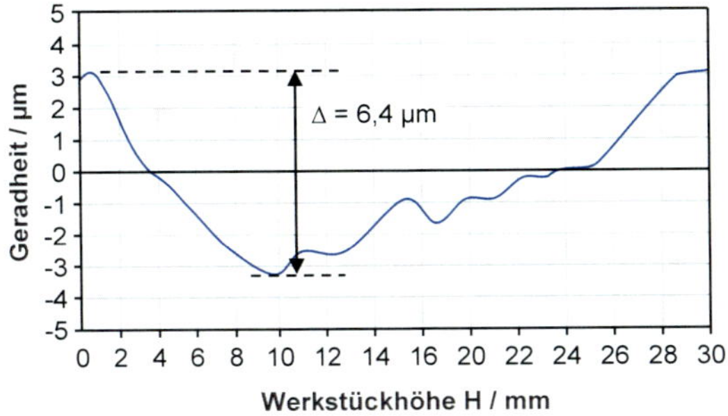

Außenradius R2	
# Schneiden:	z = 32
# Kalibriersch.:	z = 2
Teilung:	p = 12,5 mm
Schnittgeschw.:	v_c = 5 m/min
Spanungsdicke:	h = var.
Spanwinkel:	γ = 12°
Freiwinkel:	α = 3°
Kühlschmierstoff:	trocken

Abbildung 7-3: Linienabweichung nach dem Räumen mit dem Außenradiuswerkzeug mit r_a = 2 mm

Line Deviation after Broaching with the Outer Radius Tool with r_a = 2 mm

Vergleicht man nun den theoretischen Grenzwert mit der gemessenen Maßhaltigkeit im Realversuch, so stellt man fest, dass der analytisch ermittelte Grenzwert nahezu identisch der gemessenen Linienabweichung (Δ = 6,4 µm) ist. Daraus kann geschlussfolgert werden, dass eine analytische Modellierung der mechanischen Werkstückbelastung in Kombination mit einer Konvergenzanalyse eine sehr genaue Prädiktion der gefertigten Maßhaltigkeit ermöglicht.

Die Abbildung 7-2 zeigt zudem den signifikanten Einfluss der Werkstückgeometrie. Die Profiltiefe bzw. die Auskraglänge des Profilsteges wurde zwischen 10 mm ≤ T ≤ 25 mm variiert. Auffällig ist, dass in sämtlichen Fällen der Grenzwert nach zwei Kalibrierschneiden nahezu erreicht ist. Insbesondere bei T = 25 mm verbleibt der Grenzwert auf einem konstant hohen Niveau, welches oberhalb typischer industrieller Toleranzgrenzen (Δl_{me} > 10 µm) liegt. Die erzielbare Maßhaltigkeit ist demnach insbesondere von der Werkstückgeometrie abhängig und konvergiert unabhängig von der Anzahl der Kalibrierschneiden gegen einen definierten Grenzwert. Die Ergebnisse lassen schlussfolgern, dass bereits während der Auslegungsphase der Werkstückgeometrie eine Analyse der erzielbaren Maßhaltigkeit in Form einer Grenzwertanalyse zielführend ist. Für die Werkzeugauslegung ergibt sich daraus die Notwendigkeit, in Abhängigkeit der zu fertigenden Geometrie und dem zu erwartenden theoretischen Grenzwert die Anzahl der Kalibrierschneiden über sämtliche Nachschleifzyklen zu gewährleisten.

7.2 Anwendung der Methodik auf einen industriellen Anwendungsfall

Application of the methodology to an industrial use case

In den bisherigen Untersuchungen wurden stets Analogiewerkzeugen eingesetzt, welche einzelne charakteristische Merkmale von industriellen Räumwerkzeugen aufwiesen. So wurden im Rahmen von Kapitel 6 und 7.1 entweder außen- oder innenradiusabbildende Räumwerkzeuge eingesetzt. Nachdem im vorherigen Kapitel eine Methodik zur analytischen Prädiktion der Maßhaltigkeit aufgestellt und anhand der Analogiewerkzeuge validiert wurde, findet in diesem Kapitel die Übertragung auf den industriellen Anwendungsfall statt. Dafür wurde ein Flankenprofilwerkzeug ausgelegt und gefertigt, welches die typischen Charakteristika von einem Schlichtwerkzeug aus der industriellen Serienfertigung aufwies. Das Ergebnis dieses Kapitels ist eine analytisch prädizierte Maßhaltigkeit.

Die Nuttiefe ist dabei durch das Werkzeug definiert und variiert entsprechend in Abhängigkeit von der Position entlang der Werkzeugschneide. Die minimale Stegbreite und die Schnittgeschwindigkeit stellen die verbleibenden Variablen dar. Des Weiteren beeinflusst der Verschleißzustand des Werkzeugs maßgeblich die wirkende Zerspankraft. Aus diesem Grund wird abschließend eine Konvergenzanalyse mit variierender Kraft in Abhängigkeit vom Verschleißzustand durchgeführt. Das verwendete Werkzeug ist in Abbildung 7-4 dargestellt. Die Spanungsdicke variiert über die Zähnezahl und betrug für h_{z1-z7} = 0,03 mm und für h_{z8-z12} = 0,02 mm. Nachfolgend wies das Werkzeug drei Kalibrierzähne auf ($h_{z13-z15}$ = 0 mm). Zudem besaß das Werkzeug zwei Außenradien (r_a = 3 mm und r_a = 1 mm) sowie einen Innenradius mit r_i = 1 mm. Das Werkzeug bestand aus dem Substrat Rex T15 PM und wurde zur Zerspanung des Werkstoffs Inconel 718 eingesetzt.

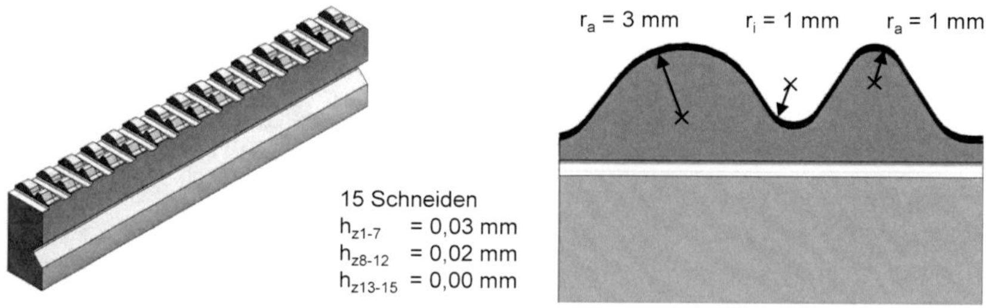

Abbildung 7-4: Flankenprofilwerkzeug

Profiled Broaching Tool

Entsprechend dem in Abbildung 7-1 dargestellten generischen Vorgehen wurden im Anschluss an Schritt 1 und Schritt 2 die analytische Eingriffsmodellierung sowie die Bestimmung der lokalen Span- und Freiwinkel je Schneide durchgeführt. Die Auswertung dieser beiden Schritte ist in Abbildung 7-5 dargestellt. Die Auswertung der lokalen Spanungsdicken zeigt einen deutlichen Abfall der lokalen Spanungsdicke im Bereich der Profilflanken. Während in den Bereichen der Radien die nominellen Spanungsdicken vorliegen, fällt diese für z_1 bis z_7 auf h_{z1-z7} = 0,02 mm und für z_8 bis z_{12} auf h_{z8-z12} = 0,012 mm ab. Zusätzlich fallen die Span- und Freiwinkel in diesem Bereich der Schneide von γ_{nom} = 12° auf γ_{lok} = 6,5°, respektive von α_{nom} = 3° auf einen lokalen Freiwinkel von annährend $\alpha_{lok} \approx 0°$.

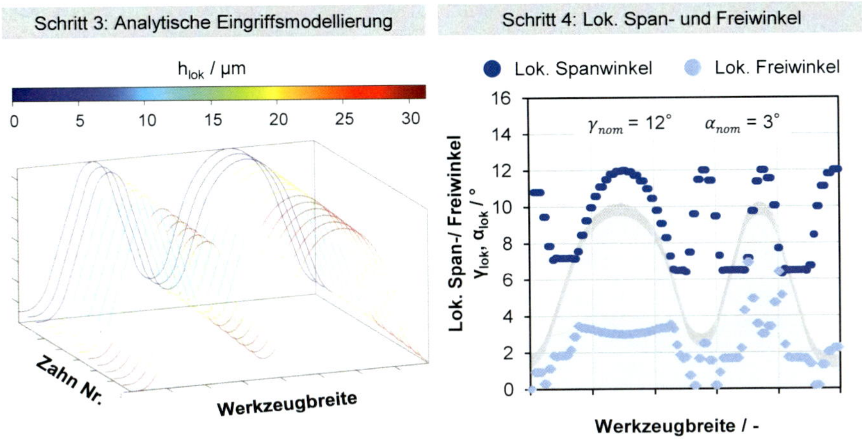

Abbildung 7-5: Lokale Eingriffsbedingungen (links) und Span- und Freiwinkel (rechts)

Local Engagement Conditions (left) and Rake and Clearance Angles (right)

In Kombination mit dem entwickelten Kraftmodell (vgl. Tabelle 6-2) sowie dem Wärmestrommodell (vgl. Tabelle 6-3) ergibt sich daraus eine örtlich-aufgelöste thermomechanische Werkstückbelastung für das gesamte Räumwerkzeug (Abbildung 7-6).

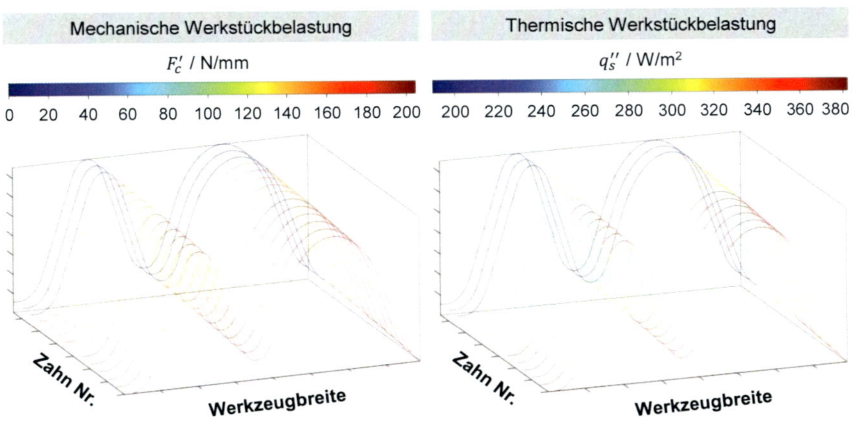

Abbildung 7-6: Örtliche thermo-mechanische Werkstückbelastung für ein gesamtes Räumwerkzeug (Schritt 6)

Local Thermo-Mechanical Workpiece Load for an Entire Broaching Tool (Step 6)

Es ist deutlich zu erkennen, dass die lokal niedrigen Span- und Freiwinkel im Bereich der Flanken trotz geringerer Spanungsdicke zu einer erhöhten mechanischen Belastung führen. Demgegenüber variiert der flächenbezogene Wärmestrom deutlich zwischen den äußeren Radien und den Flankenabschnitten. Im Unterschied zur mechanischen Belastung ist der Wärmestrom allein von der Spanungsdicke und nicht von der lokalen Werkzeuggeometrie abhängig.

Im siebten und achten Schritt kann nun die zeitlich-aufgelöste mechanische Werkstückbelastung sowie die maximale Oberflächentemperatur ermittelt werden (siehe Abbildung 7-7). Je nach Anwendungsfall unterschiedet sich das Kraftprofil in Abhängigkeit von der Werkstückhöhe, der Werkzeugteilung und der Schnittgeschwindigkeit. Analog zu den vorherigen Analysen betrug in diesem Fall die Teilung t = 12,5 mm, die Werkstückhöhe H = 30 mm und die Schnittgeschwindigkeit v_c = 5 m/min. Die vergleichsweise hohen Kräfte resultieren aus der großen Eingriffsbreite des Werkzeuges. Die lokale Variation der Spanungsdicke spiegelt sich in der maximalen Temperatur an der Werkstückoberfläche wieder. Diese variiert zwischen T = 71°C im Bereich der Radien und T = 60°C im Bereich der Flanken.

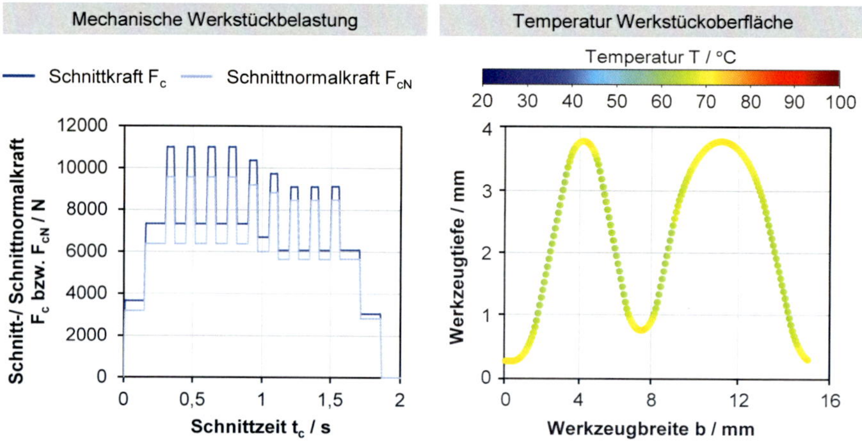

Prozess:	Räumen	Teilung	t = 12,5 mm	Spanungsdicke:	h = var.
Werkstoff:	Inconel 718	Werkstückhöhe:	H = 30 mm	Spanwinkel:	γ = 12°
Schneidstoff:	Rex T15	Schnittgeschw.:	v_c = 5 m/min	Freiwinkel:	α = 3°

Abbildung 7-7: Zeitliche mechanische und örtliche thermische Werkstückbelastung

Temporal Mechanical and Local Thermal Workpiece Load

Der letzte Schritt der entwickelten Methodik umfasst die Berechnung der maximalen elastischen Verformung bzw. thermischen Dehnung um schlussendlich auf die theoretisch nicht zerspante Spanungsdicke zu schließen. Bei Flankenprofilwerkzeugen wird die Komplexität dadurch erhöht, dass sowohl die Nuttiefe T als auch die Stegbreite B kontinuierlich in Anhängigkeit der Position auf der Werkzeugschneide variiert. In der Industrie wird die Profilgestalt häufig anhand des Verhältnisses aus Nuttiefe T und minimaler Stegbreite B_1 charakterisiert (vgl. Abbildung 4-4). Zur Analyse der erzielbaren

Maßhaltigkeit wird für den vorliegenden Fall ein Verhältnis von T/B_1 = 4 angenommen. Des Weiteren gilt, dass das Werkzeug an der Stelle der Zahnbreite b = 0 mm die Profilnut bei T = 0 mm zerspant. Die Auswertung der maximalen elastischen Verformung Δl_{me} für dieses Beispiel ist in Abbildung 7-8 dargestellt.

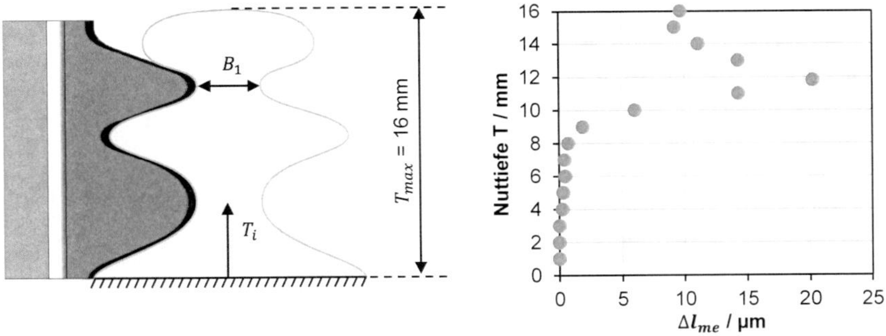

Abbildung 7-8: Lokale elastische Verformung entlang des Schneidenprofils

Local Elastic Deformation along the Cutting Edge Profile

Die kritische Stelle entlang des Profils ist eindeutig im Bereich der minimalen Stegbreite zu finden. Die maximale elastische Werkstückverformung liegt in dem Bereich bei Δl_{me} = 20,2 µm. Eine Konvergenzanalyse für diese Stelle (B = 4 mm, T = 12 mm) ergibt, dass insgesamt drei Kalibrierschneiden benötigt werden, um eine Geometrieabweichung Δ < 10 µm zu erreichen. Die restlichen Stellen entlang des Profils sind demgegenüber als unkritisch zu bewerten. Der Grenzwert und damit die erzielbare Maßhaltigkeit dieser Parameterkombination kann zu $\Delta l_{me,K3}$ = 9,2 µm prädiziert werden.

Einfluss des Werkzeugverschleiß

In den bisherigen Betrachtungen wurde der freiflächenseitige Werkzeugverschleiß als konstant angenommen. Vor den empirischen Zerspanversuchen (Kapitel 5) wurden die Werkzeuge für eine vorher definierte Schnittlänge eingesetzt, sodass sich ein Initialverschleiß einstellte, welcher in den durchgeführten Untersuchungen nahezu konstant (VB = 30 µm) blieb. Im industriellen Anwendungsfall ist für jedes Räumwerkzeug eine Einsatzzeit definiert. Diese unterscheidet sich je nach Werkzeugsegment, da mit steigendem Verschleiß der Einfluss des Prozesses auf die Werkstückrandzone zunimmt. Insbesondere bei Schlichtsegmenten ist dies von besonderem Interesse, da die Randzoneneigenschaften die spätere Funktionalität der Komponenten maßgeblich beeinflussen. Bei Schlichtsegmenten wird daher die Einsatzzeit der Räumwerkzeuge häufig auf eine Verschleißmarkenbreite von VB = 200 µm begrenzt. Mit steigendem Verschleiß geht eine Erhöhung der Zerspankraft und dadurch eine steigende elastische Verformung des Werkstücks einher. Aus diesem Grund wurden Zerspanversuche mit dem Ziel durchgeführt, den Kraftanstieg in Abhängigkeit vom Freiflächenverschleiß zu quantifizieren und die Auswirkungen auf das elastische Werkstückverhalten zu bewerten.

In Abbildung 7-9 ist die Entwicklung der Schnitt- und der Schnittnormalkraft über den Schnittweg für drei unterschiedliche Spanungsdicken dargestellt. Die eingesetzten Werkzeuge sowie die Versuchswerkstücke entsprachen denen aus Kapitel 5 bzw. Kapitel 7.1. Die Versuche wurden jeweils bei einer Verschleißmarkenbreite von VB = 200 µm unterbrochen. Der größte Effekt ist in der Schnittnormalkraft bei einer Spanungsdicke von h = 0,02 mm zu erkennen. Diese nimmt über den Schnittweg um 171 % zu. Ebenso die Schnittkraft, welche um 96 % steigt. Der Effekt nimmt mit steigender Spanungsdicke ab. Insbesondere vor dem Hintergrund der Maßhaltigkeit ist dieser in den Analysen zu berücksichtigen.

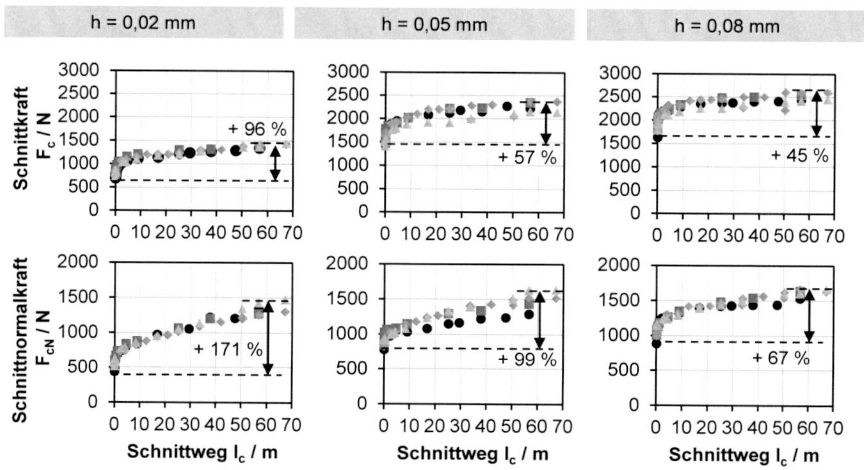

Prozess:	Räumen	Teilung	t = 12,5 mm	Spanwinkel:	γ = 12°
Werkstoff:	Inconel 718	Schnittgeschw.:	v_c = 5 m/min	Freiwinkel:	α = 3°
Schneidstoff:	Rex T15	Spanungsdicke:	h = var.	Kühlschmierstoff:	Räumöl

Abbildung 7-9: Einfluss des Freiflächenverschleißes auf die Schnittkraftkomponenten in Abhängigkeit von der Spanungsdicke

Influence of the Flank Wear on the Cutting Force Components in Dependence of the Chip Thickness

Entsprechend der Gleichung (7.2) führt beispielsweise eine 100 % Steigerung der Schnittnormalkraft zu einer 100 %-igen Erhöhung der maximalen elastischen Werkstückverformung. Für eine erste Abschätzung des Verschleißeinflusses auf die Maßhaltigkeit wurde daher analog zu Kapitel 7.1 eine Konvergenzanalyse durchgeführt. Es wurden drei verschiedene Verschleißzustände definiert, welche zu einer Steigerung der Schnittnormalkraft um 50 % bzw. um 100 % führen. Zudem wurden die Ergebnisse aus obigem Verschleißversuch hinzugezogen. Das Ergebnis der Konvergenzanalyse sowie die korrespondierende Zerspankraft sind in Abbildung 7-10 dargestellt.

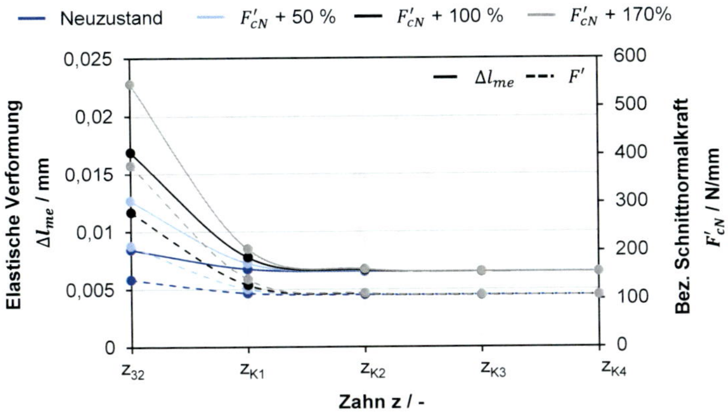

Werkzeug:	Außen R2	Letzte Schneide:	z_n = 31	Stegbreite:	B = 8,65 mm
Werkstoff:	Inconel 718	Kalibrierschneiden:	z = 4	Werkstückhöhe:	H = 30 mm
Schneidstoff:	Rex T15	Schnittgeschw.:	v_c = 5 m/min	Nuttiefe:	T = var.

Abbildung 7-10: Konvergenzanalyse in Abhängigkeit von der Entwicklung der Schnittnormalkraft bei konstanter Werkstückgeometrie

Convergence Analysis in Dependence of the Development of the Cutting Normal Force with Constant Workpiece Geometry

Die Darstellung zeigt eindeutig, dass der Werkzeugverschleiß auf dem letzten schneidenden Zahn lediglich die Kraft bzw. elastische Werkstückverformung beeinflusst, welche durch die erste Kalibrierschneide hervorgerufen wurde. Ein Verschleißverhalten der Kalibrierschneiden ist nicht berücksichtigt. Diese Analyse zeigt dennoch eindeutig, dass die Werkstückgeometrie der maßgebende Faktor der erzielbaren Maßhaltigkeit ist. Das Hinzufügen zusätzlicher Kalibrierschneiden zur Verbesserung der Oberflächenqualität und der Maßhaltigkeit ist vor dem Hintergrund des Konvergenzverhaltens nicht zielführend.

7.3 Zwischenfazit

Interim Conclusions

Das Ziel dieses Kapitels war die Überführung der vorherigen Erkenntnisse in ein generisches Vorgehen zur Prädiktion der Maßhaltigkeit beim Räumen von Profilnuten. Dieses wurde anschließend in einem ersten Schritt an dem in Kapitel 6 eingesetzten Analogiewerkzeug angewendet. Die Methodik der analytischen Modellierung des thermo-mechanischen Belastungskollektivs ist jedoch rein für Spanungsdicken $h \neq 0$ mm anwendbar. Die für das Räumen charakteristischen Kalibrierzähne werden daher bei dieser Analyse nicht erfasst. Es zeigte sich jedoch, dass diese für die gefertigte Oberflächenqualität elementar sind. Aus diesem Grund wurde als zusätzlicher Schritt eine Konvergenzanalyse durchgeführt, welche die Rückkopplungseffekte zwischen Schnittnormalkraft, elastischer Werkstückverformung und effektiver Spanungsdicke analysierte. Die elastische Werkstückverformung der vorauslaufenden Schneide wurde als theoretische Spanungsdicke der nachfolgenden angenommen und mit Hilfe des Kraftmodells eine bezogene Schnittnormalkraft berechnet. Es zeigte sich, dass es sich um ein konvergierendes System handelt, welches einen absoluten Grenzwert besitzt. Dieser Grenzwert ist insbesondere von der Profilnutgeometrie und der damit einhergehenden Steifigkeit abhängig. Aus zerspantechnologischer Sicht kommt darüber hinaus die Mindestspanungsdicke zu tragen, welche insbesondere von den Größen Spanwinkel, Schneidkantenradius und Schartigkeit abhängig ist. Der für das exemplarische Werkzeug errechnete Grenzwert war identisch zur empirisch gemessenen Maßhaltigkeit. Es konnte somit gezeigt werden, dass die aufgestellte generische Methode mit abschließender Konvergenzanalyse zur Prädiktion der Maßhaltigkeit von Profilnuten gültig ist. In einem zweiten Schritt wurde dieses Vorgehen auf eine industrielle Profilnut angewendet und der Grenzwert der erzielbaren Maßhaltigkeit ermittelt. Es konnte gezeigt werden, dass an der kritischen Stelle des Profils drei Kalibrierschneiden benötigt werden, um eine Maßhaltigkeit Δ < 10 µm zu erreichen. Die Prädiktion der erzielbaren Maßhaltigkeit ergab für das vorliegende Profil einen Grenzwert von $\Delta l_{me,K3}$ = 9,2 µm an der kritischen Stelle der minimalen Stegbreite. Abschließend wurde der Einfluss eines fortschreitenden Werkzeugverschleiß analysiert. Die Berechnungen lassen vermuten, dass der Werkzeugverschleiß keinen Einfluss auf den Grenzwert der Maßhaltigkeit hat, da die Kraftsteigerung durch die Rückkopplungseffekte und das konvergierende Verhalten kompensiert wird. Ein fortschreitender Verschleiß der Kalibrierschneiden wurde jedoch nicht berücksichtigt. Dieses analytische Ergebnis gilt es in zukünftigen Forschungsarbeiten empirisch zu untersuchen.

8 Zusammenfassung und Ausblick

Die Zielsetzung dieser Arbeit war die Entwicklung eines generischen Vorgehens zur Prädiktion der Maßhaltigkeit beim Räumen von Profilnuten. Es wurde die Hypothese aufgestellt, dass die analytische Modellierung der thermisch- und mechanisch-bedingten elastischen Bauteilverformungen während des Räumprozesses eine Prädiktion der erzielbaren Maßhaltigkeit ermöglicht. Insbesondere vor dem Hintergrund der zukünftig filigranen Geometrien im Triebwerksbau ist diese Analyse der erzielbaren Form- und Maßgenauigkeiten notwendig. Dafür galt es in einem ersten Schritt, die Ursache-Wirkungszusammenhänge zwischen den Werkzeug- und Prozessparametern sowie der charakteristischen Geometrieparameter der Profilnut auf resultierende Geometrieabweichungen in empirischen Untersuchungen zu identifizieren. In einem zweiten Schritt wurde durch die Entwicklung eines analytischen Vorgehens die Grundlage für die Prädikation der Maßhaltigkeit geschaffen, woraus abschließend eine generische Methode abgeleitet wurde.

Zur Beantwortung der ersten Forschungsfrage, wie elastische Verformungen in situ gemessen werden können und welche Werkzeug- und Prozessparameter einen signifikanten Einfluss auf die elastische Bauteilverformung haben, wurde ein Prüfstand konzipiert und es wurden empirische Untersuchungen durchgeführt. In Kapitel 4 wurden zunächst die Systemgrenzen definiert und die Übertragbarkeit der industriellen Fertigung auf einen Analogieprüfstand bewertet. Die Inbetriebnahme des Prüfstands zeigte, dass sowohl mechanische auch thermische Effekte einen Einfluss auf das elastische Werkstückverhalten beim Räumen haben. Es liegt folglich eine Superposition mechanischer und thermischer Effekte vor. Die Auswertung der Wirbelstromsensorsignale zeigte ein rein elastisches Werkstückverhalten. Für eine detaillierte Analyse der Ursache-Wirkungszusammenhänge wurden die Messergebnisse in einen mechanisch-bedingten und einen thermisch-bedingten Anteil separiert.

In Kapitel 5 wurden die Ergebnisse der empirischen Untersuchungen zur Identifikation der Ursache-Wirkungszusammenhänge zwischen dem Fertigungsprozess und der Maßhaltigkeit analysiert. In einem ersten Schritt wurden mechanische und thermische Kennwerte definiert, welche das Werkstückverhalten während des Zerspanvorgangs quantifizieren. Im Anschluss wurden die Einflüsse der Werkzeug- und Prozessparameter sowohl auf die mechanische sowie die thermisch-bedingte Werkstückverformung analysiert. Das Werkstückverhalten beim Räumen kann als ein rein elastisches und periodisches Verhalten charakterisiert werden. Es traten keine unkontrollierten, sich kontinuierlich verstärkenden Effekte zwischen elastischer Rückfederung, Zerspankraft und nomineller Spanungsdicke auf. Die Rückkopplungseffekte zwischen elastischer Verformung und realer Spanungsdicke können folglich als konstant angenommen werden. Dementsprechend ist eine gute Prognosefähigkeit gegeben, welche in die Werkzeugauslegung integriert werden kann. Die Analyse der Ursache-Wirkungszusammenhänge zeigte einen zur Zerspankraft analoges Verhalten der Werkzeug- und Prozessparameter. Es wurde insbesondere der überproportionale Einfluss der

Spanungsdicke auf die Schnitt- und Schnittnormalkraft und folglich auch auf die elastische Werkstückverformung sichtbar. Die Spanwinkel- und Schnittgeschwindigkeitsvariation war diesem untergeordnet. Eine Korrelationsanalyse zwischen der Zerspankraft und der mechanisch-bedingten Werkstückverformung ließ vermuten, dass weitere zerspantechnologische Effekte einen Einfluss auf das elastische Werkstückverhalten haben. Es konnte gezeigt werden, dass Ploughing-Effekte bei kleinen Spanungsdicken einen kurzzeitigen, überproportionalen Einfluss auf die Werkstückreaktion in Folge der Zahneintritte haben. Dieser spiegelte sich jedoch nicht in der Maßhaltigkeit wieder. Die Analyse der thermisch-bedingten Werkstückausdehnung zeigte dominierende Einflüsse der Spanungsdicke, der Schnittgeschwindigkeit sowie der Zähnezahl. Dabei ging eine größere maximale Dehnung des Werkstücks mit einer geringeren Abkühldauer einher. Dies wurde auf den größeren Temperaturgradienten zwischen Werkstück und Umgebungstemperatur zurückgeführt, welcher bei hohen Temperaturen in schnelleren Abkühlraten resultiert. Die Abkühldauer lag für sämtliche Versuchspunkte bei $\tau < 3$ s, woraus direkte Gestaltungsrichtlinien für die industrielle Prozessführung abgeleitet werden können. Die Superpositionierung der mechanischen und thermischen Effekte und die darauf aufbauende Korrelationsanalyse zur gefertigten Werkstückgeometrie zeigten, dass die gemessene elastische Verformung im Bereich des Werkzeugaustritts in hohem Maße mit der gefertigten Maßhaltigkeit korreliert. Aufgrund der ebenfalls hohen Korrelation der elastischen Verformung zur Schnittnormalkraft scheint eine Prädiktion der Maßhaltigkeit mittels analytischer Modellierung möglich.

In Kapitel 6 wurde die zweite Forschungsfrage, wie die thermo-mechanische Werkstückbelastung zeit- und ortsaufgelöst über ein gesamtes Räumwerkzeug modelliert werden kann, beantwortet. Es wurde eine Eingriffssimulation entwickelt und mit einem analytischen Kraft- sowie Temperaturmodell gekoppelt. Dieses wurde in Orthogonalschnittversuchen für die vorliegende Parameterkombination in Bezug auf Werkstoff, Schneidstoff und Prozessparameter parametrisiert. Ergebnis ist ein empirisch validiertes, zeit- und ortsabhängiges Modell, welches erstmalig die thermo-mechanische Werkzeugbelastung über ein gesamtes Räumwerkzeug modelliert. Zur Validierung wurde auf Basis des aufgestellten Zerspankraftmodell für den Betrag der gemessenen elastischen Verformung Δl_{me} eine theoretische Zerspankraft berechnet. Die absolute Abweichung zwischen empirisch-korrigierter und analytischer Zerspankraft lag bei < 5 %. Das analytische Modell gilt für den ideal steifen Fall und ist rein für Spanungsdicken $h \neq 0$ mm anwendbar. Die für das Räumen charakteristischen Kalibrierzähne werden daher bei dieser Analyse nicht erfasst, sind jedoch für die Prädiktion der Maßhaltigkeit entscheidend.

Aus diesem Grund fokussierte die dritte Forschungsfrage die Rückkopplungseffekte zwischen elastischer Werkstückverformung, effektiver Spanungsdicke und der resultierenden Zerspankraft im Bereich der Kalibrierschneiden. Zur Modellierung dieser Effekte und zur Beantwortung der Forschungsfrage wurde eine Konvergenzanalyse durchgeführt. Die elastische Werkstückverformung der vorauslaufenden Schneide wurde als theoretische Spanungsdicke der nachfolgenden angenommen und mit Hilfe des Kraftmodells eine Zerspankraft approximiert. Es zeigte sich, dass ein Grenzwert existiert, welcher insbesondere von der Werkstückgeometrie und weniger von der vorliegenden Werkzeug- und Parameterkombination abhängig ist. Diese Methodik wurde mittels empirischem Zerspanversuch validiert. Der Vergleich der gemessenen und der analytisch bestimmten Maßhaltigkeit zeigte eine hohe Übereinstimmung.

Zur Beantwortung der vierten Forschungsfrage wurde aus den Ergebnissen ein generisches Vorgehen abgeleitet und in Kapitel 7 dokumentiert. In einem letzten Schritt wurde dieses Vorgehen exemplarisch auf eine industrielle Profilnut angewendet und der Grenzwert der erzielbaren Maßhaltigkeit ermittelt. Zudem wurde der Einfluss eines fortschreitenden Werkzeugverschleiß in einem Stichversuch analysiert. Es kann vermutet werden, dass der Werkzeugverschleiß im betrachteten Untersuchungsfenster keinen Einfluss auf den Grenzwert der Maßhaltigkeit hat, da die Kraftsteigerung durch die Rückkopplungseffekte kompensiert wird. Die Validierung der entwickelten Methodik ergab, dass die zugrundeliegende Forschungshypothese nicht falsifiziert wurde, sodass diese als vorläufig wahr angenommen wird.

In zukünftigen Arbeiten gilt es, den Fokus auf eine ursachenbasierte und stochastische Verschleißanalyse zu legen. Die Verschleißbewertung in der vorliegenden Arbeit wurde rein auf Basis der mittleren Verschleißmarkenbreite sowie einer Versuchsreihe durchgeführt. Stochastische Schwankungen im Werkzeug oder Werkstoff wurden daher nicht berücksichtigt. Des Weiteren wurden die für die Räumbearbeitung charakteristischen stochastischen Ausbrüche der Schneidkante nicht betrachtet. Für eine systematische Verschleißanalyse ist jedoch die statistische Bewertung der Einflüsse sämtlicher Werkzeug- Prozessparameter sowie der Werkstoffeigenschaften auf den Verschleißfortschritt elementar. In nachfolgenden Forschungsarbeiten gilt es daher, mit Hilfe statistischer Modelle die stochastischen Schneidkantenausbrüche zu bewerten und auf Basis einer Auftretenswahrscheinlichkeit Maßnahmen für den industriellen Fertigungsprozess abzuleiten. Anschließend kann die in dieser Arbeit entwickelte Methodik durch die Verschleißbewertung erweitert werden. Dadurch wird es möglich sein, die zu erwartende Maßhaltigkeit beim Räumen von Profilnuten analytisch entlang der gesamten Werkzeuglebensdauer zu ermitteln. Ein weiteres zukünftiges Forschungsfeld in der Räumbearbeitung liegt auf der prozessparallelen Überwachung des industriellen Fertigungsprozesses. Die Grundlage dafür wurde innerhalb dieser Arbeit durch die Entwicklung einer analytischen Eingriffsmodellierung geschaffen. Diese ermöglicht es, die zu erwartenden Kräfte mit den gemessenen Kräften parallel zu Fertigung zu vergleichen und Auffälligkeiten zu identifizieren. Somit kann Ausschuss reduziert werden, da im Unterschied zum aktuellen Stand auch innerhalb einer Losgröße die Prozessqualität bewertet werden kann.

Summary and Outlook

The objective of this work was the development of a generic procedure for the prediction of dimensional accuracy during broaching of profile grooves. The hypothesis was formulated that analytical modeling of the thermally and mechanically induced elastic component deformations during the broaching process enables to predict the achievable dimensional accuracy. This analysis of the achievable form and dimensional accuracy is particularly necessary in view of the future filigree geometries in engine construction. In a first step, the cause-effect relationships between the tool and process parameters and the characteristic geometry parameters of the profile groove on the resulting geometry deviations were identified in empirical investigations. In a second step, the basis for the predication of dimensional accuracy was created by developing an analytical procedure, from which a generic method was finally derived.

To answer the first research question, how elastic deformations can be measured in situ and which tool and process parameters have a significant influence on the elastic component deformation, a test rig was designed and empirical investigations were carried out. In Chapter 4, the system boundaries were first defined and the transferability of industrial manufacturing to an analog test rig was evaluated. The commissioning of the test rig showed that both mechanical and thermal effects have an influence on the elastic workpiece behavior during broaching. Consequently, there is a superposition of mechanical and thermal effects. The evaluation of the eddy current sensor signals showed a purely elastic workpiece behavior. For a detailed analysis of the cause-effect relationships, the measurement results were separated into a mechanical and a thermal component.

In chapter 5, the results of the empirical investigations to identify the cause-effect relationships between the manufacturing process and dimensional accuracy were analyzed. In a first step, mechanical and thermal parameters were defined which quantify the workpiece behavior during the machining process. Subsequently, the influences of the tool and process parameters on both the mechanical and the thermally induced workpiece deformation were analyzed. The workpiece behavior during broaching can be characterized as a purely elastic and periodic behavior. No uncontrolled, continuously amplifying effects between elastic recovery, cutting force and nominal chip thickness occurred. Consequently, the reciprocal effects between elastic deformation and real chip thickness can be assumed to be constant. Accordingly, a good predictive capability is given, which can be integrated into the tool design. The analysis of the cause-effect relationships showed a behavior of the tool and process parameters analogous to the cutting force. In particular, the disproportionate influence of the chip thickness on the cutting and cutting-nor-mal force and consequently also on the elastic workpiece deformation became visible. The rake angle and cutting speed variation were subordinate to this. A correlation analysis between the cutting force and the mechanically-induced workpiece deformation suggested that other cutting technology effects have an influence on the elastic workpiece behavior. It was shown that ploughing effects at small chip thicknesses have a short-term, disproportionate influence on the workpiece response as a result of tooth entry. However, this was not reflected in the dimensional accuracy. The analysis of the thermally induced workpiece expansion showed dominant influences of the chip thickness, the cutting speed and the number of teeth. A larger maximum elongation of the workpiece was accompanied by a shorter cooling time. This was attributed to the larger temperature gradient between the work-piece and the ambient temperature, which results in faster cooling rates at high temperatures. The cooling duration was $\tau < 3$ s for all experimental points, from which direct design guidelines for industrial process control can be derived. The superposition of the mechanical and thermal effects and the correlation analysis based on them to the manufactured workpiece geometry showed that the measured elastic deformation in the tool exit area correlates highly with the manufactured dimensional accuracy. Due to the likewise high correlation of the elastic deformation to the cutting normal force, a prediction of the dimensional accuracy by means of analytical modeling seems possible.

In Chapter 6, the second research question, how to model the thermo-mechanical workpiece load in a time and spatially resolved manner over an entire broaching tool, was answered. An engagement simulation was developed and coupled with an analytical force and temperature model. This was parameterized in orthogonal section tests for the present parameter combination with respect to material, cutting material and process parameters. The result is an empirically validated, time- and location-dependent model, which for the first time models the thermo-mechanical tool load over an entire broaching tool. For validation, a theoretical cutting force was calculated on the basis of the established cutting force model for the amount of the measured elastic deformation Δl_{me}. The absolute deviation between empirically corrected and analytical cutting force was < 5 %. The analytical model is valid for the ideal stiff case and is purely applicable for chip thicknesses $h \neq 0$ mm. The calibration teeth characteristic of broaching are therefore not included in this analysis, but are crucial for predicting dimensional accuracy.

To answer the fourth research question, a generic procedure was derived from the results and documented in Chapter 7. In a final step, this procedure was applied to an industrial profile groove as an example and the limit value of the achievable dimensional accuracy was determined. The applicability of the developed methodology to the industrial application was confirmed on the basis of the results. In addition, the influence of progressive tool wear was analyzed in a stitch test. It can be assumed that the tool wear in the considered investigation window has no influence on the limit value of the dimensional accuracy, since the increase in force is compensated by the feedback effects. The validation of the developed methodology showed that the underlying research hypothesis was not falsified, so it is assumed to be provisionally true.

In future work, the focus should be on a cause-based and stochastic wear analysis. The wear evaluation in the present work was carried out purely on the basis of the mean wear mark width and a test series. Stochastic variations in the tool or material were therefore not taken into account. Furthermore, the stochastic chipping of the cutting edge, which is characteristic for broaching, was not considered. For a systematic wear analysis, however, the statistical evaluation of the influences of all tool process parameters and the material properties on the wear progress is elementary. In subsequent research work, it is therefore necessary to evaluate the stochastic cutting edge breakouts with the aid of statistical models and to derive measures for the industrial manufacturing process on the basis of a probability of occurrence. Subsequently, the methodology developed in this work can be extended by the wear evaluation. This will make it possible to analytically determine the dimensional accuracy to be expected during broaching of profile grooves over the entire tool life. Another future field of research in broaching is the process-parallel monitoring of the industrial manufacturing process. The basis for this was created within this work by the development of an analytical intervention modeling. This makes it possible to compare the expected forces with the measured forces parallel to production and to identify anomalies. In this way, scrap can be reduced because, in contrast to the current status, the process quality can also be evaluated within a batch size.

9 Literaturverzeichnis

[ADAM98] Adam, P. (1998): Fertigungsverfahren von Turboflugtriebwerken. (Reihe: Springer eBook Collection Computer Science and Engineering) Basel, s.l.: Birkhäuser Basel

[ALBR60] Albrecht, P. (1960): New Developments in the Theory of the Metal-Cutting Process: Part I. The Ploughing Process in Metal Cutting. In: Journal of Engineering for Industry. Jg. 82, Nr. 4, S. 348–357

[ALTI12] Altintas, Y. (2012): Manufacturing Automation. 2nd edition Cambridge: Cambridge University Press

[ARRA20] Arrazola, P. J.; Rech, J.; M'Saoubi, R.; Axinte, D. (2020): Broaching: Cutting tools and machine tools for manufacturing high quality features in components. In: CIRP Annals. Jg. 69, Nr. 2, S. 554–577

[AUGS18] Augspurger, T. (2018): Thermal Analysis of the Milling Process. 1st ed. Aachen: Apprimus Wissenschaftsverlag

[AUGS19] Augspurger, T.; Bergs, T.; Döbbeler, B. (2019): Measurement and Modeling of Heat Partitions and Temperature Fields in the Workpiece for Cutting Inconel 718, AISI 1045, Ti6Al4V, and AlMgSi0.5. In: Journal of Manufacturing Science and Engineering. Jg. 141, Nr. 6

[AXIN07] Axinte, D. A. (2007): An experimental analysis of damped coupled vibrations in broaching. In: International Journal of Machine Tools and Manufacture. Jg. 47, Nr. 14, S. 2182–2188

[BEJN15] Bejnoud, F.; Zanger, F.; Schulze, V. (2015): Component Distortion due to a Broaching Process. In: Applied Mechanics and Materials. Jg. 794, S. 239–246

[BEJN17] Bejnoud, F. (2017): Experimentelle Prozesskettenbetrachtung für Räumbauteile am Beispiel einer einsatzgehärteten PKW-Schiebemuffe. Dissertation: Karlsruher Institut für Technologie (KIT)

[BERG19] Bergs, T.; Döbbeler, B.; Seelbach, T.; Seimann, M.; Klocke, F. (2019): Development of an Alternative Approach for Cutting Force Determination in Broaching. In: Proceedings of the ASME Turbo Expo. Phoenix, Arizona, USA, 6/17/2019 - 6/21/2019. New York, N.Y.: The American Society of Mechanical Engineers

[BLOK38] Blok, H. (1938): Theoretical study of temperature rise at surfaces of actual contact under oiliness lubricating conditions. In: Proceedings of General Discussions on Lubrication and Lubricants, S. 22–235

[BÖCK18] Böckh, P.; Wetzel, T. (2018): Wärmeübertragung. Grundlagen und Praxis. 7. Aufl. 2017 Berlin, Heidelberg: Springer Berlin Heidelberg

[BOEV17] Boev, N. (2017): Numerische Beschreibung von Wechselwirkungen zwischen Zerspanprozess und Maschine am Beispiel Räumen. Dissertation: Karlsruher Institut für Technologie (KIT)

[BOOT63] Boothroyd, G. (1963): Temperatures in orthogonal metal cutting. In: Proceedings of the Institution of Mechanical Engineeers. Jg. 177, S. 789–810

[BOUZ03] Bouzakis, K.-D.; Aichouh, P.; Efstathiou, K. (2003): Determination of the chip geometry, cutting force and roughness in free form surfaces finishing milling, with ball end tools. In: International Journal of Machine Tools and Manufacture. Jg. 43, Nr. 5, S. 499–514

[BRAE15] Bräunling, W. J. G. (2015): Flugzeugtriebwerke. Grundlagen, Aero-Thermodynamik, ideale und reale Kreisprozesse, thermische Turbomaschinen, Komponenten, Emissionen und Systeme. (Reihe: VDI-Buch). 4. Aufl. Berlin: Springer Vieweg

[BRIN09] Brinksmeier, E.; Sölter, J. (2009): Prediction of shape deviations in machining. In: CIRP Annals. Jg. 58, Nr. 1, S. 507–510

[BROC15] Brockmann, M. (2015): On the Use of Potential Theory for Thermal Modeling in Metal Cutting. 1st ed. Aachen: Apprimus Wissenschaftsverlag

[BUDA96] Budak, E.; Altintas¸, Y.; Armarego, E. J. A. (1996): Prediction of Milling Force Coefficients from Orthogonal Cutting Data. In: Journal of Manufacturing Science and Engineering. Jg. 118, Nr. 2, S. 216–224

[CHAO55] Chao, B. T.; Trigger, K. J. (1955): Temperature Distribution at the Tool-Chip Interface in Metal Cutting. In: Transactions of the ASME. Jg. 77, S. 1107–1121

[DENK11] Denkena, B.; Tönshoff, H. K. (2011): Spanen. Grundlagen. (Reihe: VDI-Buch) Wiesbaden: Springer Fachmedien

[DENK14] Denkena, B.; Biermann, D. (2014): Cutting edge geometries. In: CIRP Annals. Jg. 63, Nr. 2, S. 631–653

[DEUT14] Norm: Deutsches Institut für Normung e.V. DIN EN 10088-1, Nichtrostende Stähle, letzte Aktualisierung: Dezember 2014

[DIN1415] Norm: Deutsches Institut für Normung e.V. DIN 1415, Räumwerkzeuge, letzte Aktualisierung: 1973

[DIN1416] Norm: Deutsches Institut für Normung e.V. DIN 1416, Räumwerkzeuge, letzte Aktualisierung: 1971

[DIN4760] Norm: Deutsches Institut für Normung e.V. DIN 4760, Gestaltabweichungen, letzte Aktualisierung: Juni 1982

[DIN6584] Norm: Deutsches Institut für Normung e.V. DIN 6584, Begriffe der Zerspantechnik, letzte Aktualisierung: Oktober 1982

[DIN8589] Norm: Deutsches Institut für Normung e.V. DIN 8589-5, Fertigungsverfahren Spanen Teil 5: Räumen, letzte Aktualisierung: September 2003

[EBRA17] Ebrahimi, A.; Budak, E.; Ozlu, E. (2017): Geometrical Optimization of Broaching Tools by Leveling the Cutting Forces. In: Proceedings of the 8th International Symposium on Machining

[EURO11] European Commission (2011): Flightpath 2050. Herausgegeben von European Union: Publications Office of the European Union., .

[FLIR11] Flir (2011): Thermografie-Handbuch für Bau-Anwendungen und erneuerbare Energien. URL: https://www.pkelektronik.com/media/downloads/f/l/flir%20thermografie-handbuch%20fuer%20bau-anwendungen%20und%20erneuerbare%20energien,%20der%20gruene%20ratgeber.pdf, zuletzt geprüft: 08.11.20222.

[FLUG16] Steinke, S. (2016): FACC übergibt erste A330neo-Triebwerksverkleidung. URL: https://www.flugrevue.de/flugzeugbau/wichtiger-airbus-zulieferer-aus-oesterreich-facc-uebergibt-erste-a330neo-triebwerksverkleidung/#bildergalerie, zuletzt geprüft: 20.11.2022.

[FORS00] N. N. (2000): Forst-Taschenbuch: Hinweise für das Räumen: Firmenschrift

[GIER15] Gierlings, S. (2015): Model-Based Temperature Monitoring for Broaching Safety-Critical Aero Engine Components. 1. Aufl. s.l.: Apprimus Wissenschaftsverlag

[GROT14] Grote, K.-H. (2014): Dubbel. Taschenbuch Für Den Maschinenbau. 24th ed. Berlin, Heidelberg: Springer Berlin / Heidelberg

[HAHN51] Hahn, R. S. (1951): On the temperature development at the shear plane in the metal cutting process. In: Proceedings of First U.S. National Congress of Applied Mechanics, S. 661–666

[HEID21] Heidemanns, L.; Seelbach, T.; Küpper, U.; Seimann, M.; Bergs, T. (2021): Manufacturing Technologies for Fir Tree Slots: A Technological and Economic Evaluation. In: Proceedings of ASME Turbo Expo 2021: Turbomachinery Technical Conference and Exposition. June 7-11, 2021, virtual, online. Virtual, Online, 6/7/2021 - 6/11/2021. New York, N.Y.: The American Society of Mechanical Engineers

[HOFF76] Hoffmann, K. (1976): Hoffmann-Räumpraxis: Firmenschrift: Hoffmann

[HOSS13a] Hosseini, S. (2013): Model based simulation of broaching operation. Cutting mechanics, surface integrity and process optimization. Doctor of Philosophy: University of Ontario Institute of Technology Oshawa, Ontario

[HOSS13b] Hosseini, A.; Kishawy, H. A. (2013): PREDICTION OF CUTTING FORCES IN BROACHING OPERATION. In: Journal of Advanced Manufacturing Systems. Jg. 12, Nr. 01, S. 1–14

[HOSS14] Hosseini, A.; Kishawy, H. A. (2014): On the Optimized Design of Broaching Tools. In: Journal of Manufacturing Science and Engineering. Jg. 136, Nr. 1

[HUAN03] Huang, Y.; Liang, S. (2003): Modelling of the cutting temperature distribution under the tool flank wear effect. In: Journal of Mechanical Engineering Science. Jg. 217, Nr. 11, S. 1195–1208

[JAEG42] Jaeger, J. C. (1942): Moving Sources of Heat and the Temperature at Sliding Contacts. In: J. Proc. R. Soc. New South Wales. Jg. 76, S. 203–224

[KARP06] Karpat, Y.; Özel, T. (2006): Predictive analytical and thermal modeling of orthogonal cutting process - Part I: Predictions of tool forces, stresses, and temperature distributions. In: Journal of Manufacturing Science and Engineering. Jg. 128, Nr. 2, 435f.

[KIEN52] Kienzle, O. (1952): Die Bestimmung von Kräften und Leistungen an spanenden Werkzeugen und Werkzeugmaschinen. In: VDI-Z, S. 299–305

[KISH12] Kishawy, H. A.; Hosseini, A.; Moetakef-Imani, B.; Astakhov, V. P. (2012): An energy based analysis of broaching operation: Cutting forces and resultant surface integrity. In: CIRP Annals. Jg. 61, Nr. 1, S. 107–110

[KLIN93] Klinger, M. (1993): Räumen einsatzgehärteter Werkstücke. Dissertation: RWTH Aachen

[KLOC12] Klocke, F.; Gierlings, S.; Veselovac, D. (2012): Concept for Temperature Control in Broaching Nickel-Based Alloys. In: Key Engineering Materials. Jg. 523-524, S. 469–474

[KLOC13a] Klocke, F.; Vogtel, P.; Gierlings, S.; Lung, D.; Veselovac, D. (2013): Broaching of Inconel 718 with cemented carbide. In: Production Engineering. Jg. 7, Nr. 6, S. 593–600

[KLOC13b] Klocke, F.; Zeis, M.; Klink, A.; Veselovac, D. (2013): Experimental Research on the Electrochemical Machining of Modern Titanium- and Nickel-based Alloys for Aero Engine Components. In: Procedia CIRP. Jg. 6, S. 368–372

[KLOC15] Klocke, F.; Lung, D.; Binder, M.; Seimann, M. (2015): High speed machining of nickel-based alloys. In: International Journal of Mechatronics and Manufacturing Systems. Jg. 8, Nr. 1/2, S. 3

[KLOC18] Klocke, F. (2018): Zerspanung mit geometrisch bestimmter Schneide. (Reihe: VDI-Buch, / Fritz Klocke; Wilfried König ; 1). 9. Auflage Berlin: Springer Vieweg

[KÖKT04] Köktürk, U., Budak, E. (2004): Optimization of broaching tool design. In: Intelligent Computation in Manufacturing Engineering. Jg. 4

[KOMA00] Komaduri, R.; Hou, Z. B. (2000): Thermal modeling of the metal cutting process. In: International Journal of Mechanical Sciences. Jg. 9, S. 1715–1752

[KOMA01] Komaduri, R.; Hou, Z. B. (2001): Thermal modeling of the metal cutting process — Part III. Temperature rise distribution due to the combined effects of shear plane heat source and the tool-chip interface frictional heat source. In: International Journal of Mechanical Sciences. Jg. 10, S. 89–107

[KÜPP22] Küpper, U.; Seelbach, T.; Heidemanns, L.; Prinz, S.; Herrig, T.; Bergs, T. (2022): Effects of the Manufacturing Chain on the Surface Integrity when Machining Fir Tree Slots with Alternative Manufacturing Processes. In: Procedia CIRP. Jg. 108, S. 728–733

[LANG05] Lang, H. (2005): Trocken-Räumen mit hohen Schnittgeschwindigkeiten. Werkzeug- und Prozesskenngrößen für die Weich- und Hartbearbeitung. Dissertation: Universität Karlsruhe

[LAUF88] Lauffer, H.-J. (1988): Einsatz von Prozeßmodellen zur rechnerunterstützten Auslegung von Räumwerkzeugen. Dissertation: Universität Karlsruhe Karlsruhe

[LOEW54] Loewen, E. G.; Shaw, M. C. (1954): On the analysis of cutting tool temperatures. In: Transactions of the ASME. Jg. 71, S. 217–231

[MAND14] Mandrile, S.; Larroche, G. C.; Vernault, C.; Dessein, G.; Denape, J.; Paris, J. Y. (2014): Development of an in-house cutting forces simulation for fir tree broaching process. In: International Journal of Machining and Machinability of Materials. Jg. 15, Nr. 1/2, S. 18

[MICR22a] Micro-Epsilon (2022): Induktive Sensoren auf Wirbelstrombasis. URL: https://www.micro-epsilon.de/download/products/cat--eddyNCDT--de.pdf.

[MICR22b] Micro-Epsilon (2022): Kapazitive Sensoren für Weg, Abstand & Position. URL: https://www.micro-epsilon.de/download/products/cat--capaNCDT--de.pdf, .

[MICR22c] Micro-Epsilon (2022): Konfokal-chromatisches Sensorsystem. URL: https://www.micro-epsilon.de/download/products/cat--confocalDT--de.pdf, .

[MICR22d] Micro-Epsilon (2022): Laser-Wegsensoren (Triangulation). URL: https://www.micro-epsilon.de/download/products/cat--optoNCDT--de.pdf.

[MÜCK20] Mücke, A. (2020): Gestaltabweichungen nach der Rekonturierung reparaturgeschweißter Bauteile. Dissertation: Gottfried Wilhelm Leibniz Universität Hannover; TEWISS - Technik und Wissen GmbH

[MÜLL04] Müller, B. (2004): Thermische Analyse des Zerspanens metallischer Werkstoffe bei hohen Schnittgeschwindigkeiten. Dissertation: RWTH Aachen

[ODEN16] Odendahl, S. (2016): Entwicklung eines multiskaligen Simulationssystems zur Analyse und Optimierung von Zerspanprozessen. Dissertation: Vulkan-Verlag GmbH

[OPFE81] Opferkuch, R. (1981): Die Werkzeugbeanspruchung beim Räumen Berlin, Heidelberg

[ÖZEL07] Özelkan, E.; Öztürk, Ö.; Budak, E. (2007): Optimization of broaching design. In: Proceedings of the 2007 Industrial Engineering Research Conference

[ÖZEL11] Özelkan, E. C.; Ozturk, O.; Budak, E. (2011): Identifying parameters of a broaching design using non-linear optimisation. In: International Journal of Modelling, Identification and Control. Jg. 12, Nr. 3, S. 244

[OZLU10] Ozlu, E.; Engin, S.; Cook, C.; El-Wardany, T.; Budak, E. (2010): Simulation of Broaching Operations for Tool Design Optimization

[ÖZLÜ20] Özlü, E.; Ebrahimi Araghizad, A.; Budak, E. (2020): Broaching tool design through force modelling and process simulation. In: CIRP Annals. Jg. 69, Nr. 1, S. 53–56

[OZTU03] Ozturk, O.; Budak, E. (2003): Modeling of Broaching Process for Improved Tool Design. In: Endres, W. J. (Hrsg.): Proceedings of the ASME Manufacturing Engineering Division - 2003. Presented at the 2003 ASME International Mechanical Engineering Congress, November 15 - 21, 2003, Washington, D.C. Washington, DC, USA, 11/15/2003 - 11/21/2003. New York, NY: American Society of Mechanical Engineers, S. 291–300

[PENG19a] Peng, B.; Bergs, T.; Klocke, F.; Döbbeler, B. (2019): An Advanced FE-modeling Approach to Improve the Prediction in Machining Dicult-to-Cut Material. In: The International Journal of Advanced Manufacturing Technology, Nr. 5-8

[PENG19b] Peng, B.; Bergs, T.; Schraknepper, D.; Klocke, F.; Döbbeler, B. (2019): A hybrid approach using machine learning to predict the cutting forces under consideration of the tool wear. In: Procedia CIRP. Jg. 82, S. 302–307

[PENG21] Peng, B. (2021): Multiscale Modeling of Thermomechanical Loads in the Broaching of Direct Aged Inconel 718. Dissertation Aachen

[PULS15] Puls, H. (2015): Mehrskalenmodellierung thermo-elastischer Werkstückdeformationen beim Trockendrehen. Zugl.: Aachen, Techn. Hochsch., Diss., 2015: Fraunhofer-Institut für Produktionstechnologie IPT. (Reihe: Edition Wissenschaft Apprimus, Bd. 2015,28) Aachen: Apprimus Verlag

[RENH07] Renhof, L. (2007): Mikrostruktur und mechanische Eigenschaften der Nickellegierung IN 718. Dissertation: Technische Universität München München

[ROLL15] Rolls-Royce (2015): The jet engine: Rolls-Royce Ltd. 5th Edition Chichester, West Sussex: Wiley

[SCHU12] Schulze, V.; Boev, N.; Zanger, F. (2012): Numerical Investigation of the Changing Cutting Force Caused by the Effects of Process Machine Interaction While Broaching. In: Procedia CIRP. Jg. 4, S. 140–145

[SCHU12b] Schulze, V.; Boev, N.; Zanger, F. (2012): Simulation of Metal Cutting Process with Variable Cutting Thickness during Broaching. In: Procedia CIRP. Jg. 1, S. 437–442

[SCHU13] Schulze, V.; Zanger, F.; Krauße, M.; Boev, N. (2013): Simulation Approach for the Prediction of Surface Deviations Caused by Process-Machine-Interaction During Broaching. In: Procedia CIRP. Jg. 8, S. 252–257

[SEEL21] Seelbach, T.; Beja, L.; Schraknepper, D.; Bergs, T. (2021): Modelling the Geometrical Accuracy for Different Part Geometries and Process Parameters when Broaching Fir-Tree Slots in Turbine Disks. In: Procedia CIRP. Jg. 102, S. 31–36

[SEEL22] Seelbach, T.; Schraknepper, D.; Bergs, T. (2022): Empirical Analysis of Mechanical and Thermal Effects on Elastic Workpiece Deformations during Broaching of Safety-Critical Components. In: SSRN Electronic Journal

[SEIM18a] Seimann, M.; Peng, B.; Fischersworring-Bunk, A.; Rauch, S.; Klocke, F.; Döbbeler, B. (2018): Model-based analysis in finish broaching of Inconel 718. In: The International Journal of Advanced Manufacturing Technology. Jg. 97, Nr. 9-12, S. 3751–3760

[SEIM18b] Seimann, M.; Peng, B.; Klocke, F.; Döbbeler, B. (2018): Multi Flank Chip Formation in Fir-Tree Broaching Inconel 718 with Cemented Carbide. In: Procedia Manufacturing. Jg. 26, S. 503–508

[SEIM19] Seimann, M. (2019): Prädiktive Werkzeug- und Prozessauslegung für das Räumen von Nickelbasislegierungen mit Hartmetallwerkzeugen. Dissertation Aachen

[SIEB17] Siebertz, K.; van Bebber, D.; Hochkirchen, T. (2017): Statistische Versuchsplanung. Design of Experiments (DoE). (Reihe: VDI-Buch). 2. Aufl. 2017 Berlin, Heidelberg: Springer Berlin Heidelberg

[SÖLT12] Sölter, J.; Gulpak, M. (2012): Heat partitioning in dry milling of steel. In: CIRP Annals. Jg. 61, Nr. 1, S. 87–90

[SÖLT18] Sölter, J.; Frohmüller, R.; Wirbser, H. (2018): Temperature Measurements and Heat Partitioning in Machining Processes. In: Biermann, D.;

Hollmann, F. (Hrsg.): Thermal Effects in Complex Machining Processes. Final Report of the DFG Priority Programme 1480. Cham: Springer

[SPEC22] Special Metals Corporation (2022): Inconel alloy 718. URL: https://www.specialmetals.com/documents/technical-bulletins/inconel/inconel-alloy-718.pdf, zuletzt geprüft: 19.12.2022.

[SURM06] Surmann, T. (2006): Geometrisch-physikalische Simulation der Prozessdynamik für das fünfachsige Fräsen von Freiformflächen. Zugl.: Dortmund, Univ., Diss., 2005. (Reihe: Schriftenreihe des ISF, Bd. 33) Essen: Vulkan-Verl.

[TRIP15] Tipler, P.: Physik. Für Wissenschaftler und Ingenieure. 7. Aufl. 2015. Wagner, Jennifer; Mosca, Gene (Hg.) Berlin, Heidelberg: Springer Spektrum. (Reihe: SpringerLink Bücher)

[TRIG51] Trigger, K. J.; Chao, B. T. (1951): An analytical evaluation of metal-cutting temperatures. In: Transactions of the ASME. Jg. 73, S. 57–68

[ULRI01] Ulrich, H.; Schwaninger, M. (2001): Systemorientiertes Management. Das Werk von Hans Ulrich. Stiftung zur Förderung der Systemorientierten Managementlehre St. Gallen

[VDI19] Stephan, P.; Kabelac, S.; Kind, M.; Mewes, D.; Schaber, K.; Wetzel, T. (2019): VDI-Wärmeatlas. Fachlicher Träger VDI-Gesellschaft Verfahrenstechnik und Chemieingenieurwesen. (Reihe: VDI Springer Reference). 12. Aufl. 2019 Berlin, Heidelberg: Springer Berlin Heidelberg

[VDM20] VDM Metals (November 2020): VDM Alloy 718 CTP. URL: https://www.vdm-metals.com/fileadmin/user_upload/Downloads/Data_Sheets/Data_Sheet_VDM_Alloy_718_CTP.pdf, .

[VICT76] Victor, H. R. (1976): Schnittkraftberechnung für das Räumen. In: Annals of the CIRP. Jg. 25, S. 7–11

[VOGT16] Vogtel, P. (2016): Außenräumen von Nickelbasislegierungen mit Hartmetall-Werkzeugen. Dissertation: RWTH Aachen

[WELL15] Welling, D. (2015): Wire EDM for the manufacture of fir tree slots in nickel-based alloys for jet engine components. Dissertation: RWTH Aachen Aachen

[WILK08] Wilk, W., Tota, J. (2008): Modern technology of the turbine blades removal machining. In: Proc. of the 8th Int. Conf.“Advanced manufacturing Operations”, S. 47–355

[ZAPP19] Zapp Materials Engineering GmbH (2019): CPM Rex T15 Datenblatt. URL: https://www.zapp.com/fileadmin/_documents/Datenblaetter/Werkstoffe/Werkzeugstahl/Deutsch/CPM/CPMRexT15-Datenblatt.pdf, zuletzt geprüft: 18.09.2022.

10 Anhang

Tabelle 10-1: Temperaturabhängige Materialeigenschaften von Inconel 718

Temperature dependent material properties of Inconel 718

Temperatur T / °C	Temperaturleitfähigkeit α / (mm²/s)	Wärmeleitfähigkeit λ / (W/mK)	Spez. Wärmekapazität c_{pm} / (J/(K*kg))
20	3,10	11,54	451
100	3,29	12,47	459
200	3,60	13,90	467
300	2,91	15,50	480
400	4,18	17,09	495
500	4,43	18,71	511
600	4,67	21,93	569
700	4,93	24,57	603
800	4,79	31,45	795

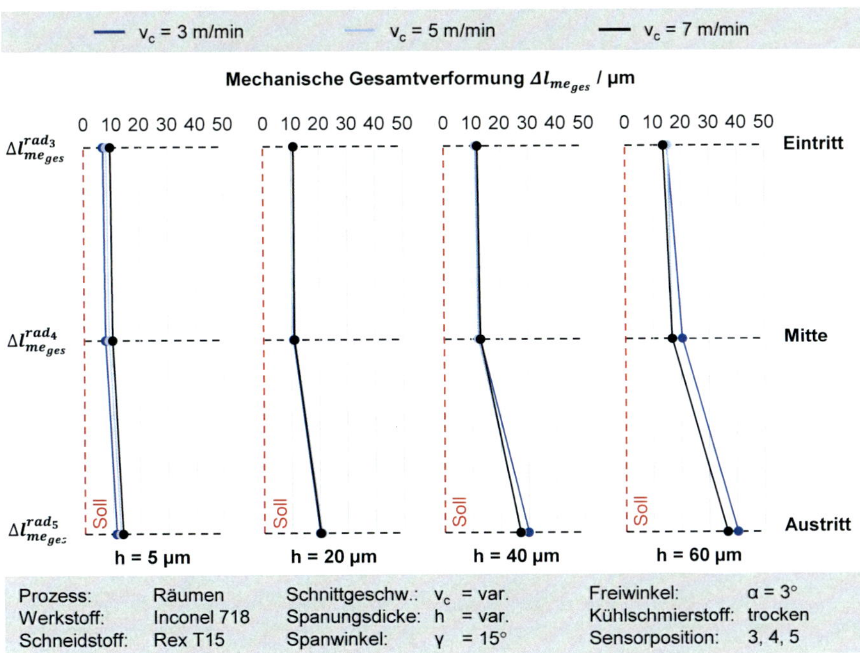

Abbildung 10-1: Einfluss der Schnittgeschwindigkeit auf die maximale Gesamtverformung entlang der Profilhöhe

Influence of the Cutting Speed on the Maximum Elastic Deformation along the Profile Height

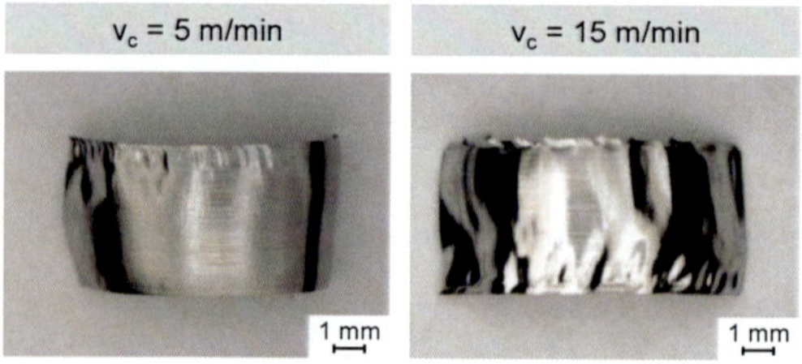

Prozess:	Räumen
Werkstoff:	Inconel 718
Schneidstoff:	Rex T15
Schnittgeschw.:	v_c = var.
Spanungsdicke:	h = 0,005 mm
Spanwinkel:	γ = 15°
Freiwinkel:	α = 3°
Kühlschmierstoff:	trocken
Sensorposition:	3

Abbildung 10-2: Spanform in Abhängigkeit von der Schnittgeschwindigkeit

Chip Form in Dependence of the Cutting Speed

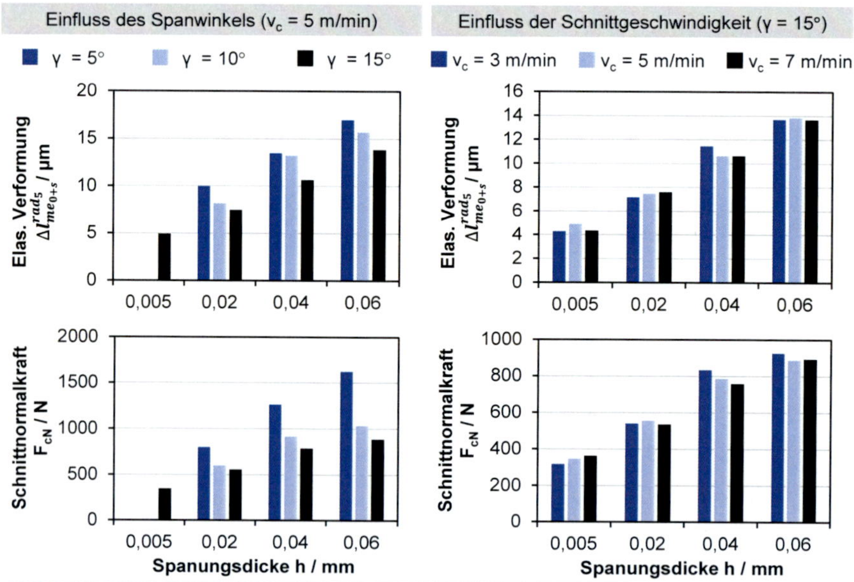

Prozess:	Räumen	Schnittgeschw.:	v_c = var.	Freiwinkel:	α = 3°
Werkstoff:	Inconel 718	Spanungsdicke:	h = var.	Kühlschmierstoff:	trocken
Schneidstoff:	Rex T15	Spanwinkel:	γ = var.	Sensorposition:	5

Abbildung 10-3: Messwerte der elastischen Werkstückverformung am Werkzeugaustritt in Anhängigkeit von den Werkzeug- und Prozessparametern

Elastic Workpiece Deformation at the Tool Exit in Dependence of the Tool and Process Parameters

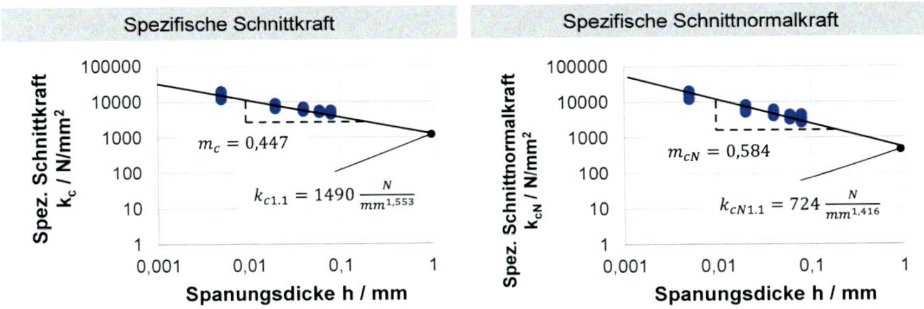

Werkstoff:	Inconel 718	Spanungsdicke:	h = 0,005 – 0,08 mm
Schneidstoff:	Rex T15	Spanwinkel:	γ = 5, 10, 15°
Schnittgeschwindigkeit:	v_c = 3, 5, 7 m/min	Freiwinkel:	α = 1,5; 3; 5°

Abbildung 10-4: Kienzle-Modell für die spez. Schnitt- und Schnittnormalkraft für das Räumen mit HSS

Kienzle Model for the Spec. Cutting and Cutting Normal Force for Broaching with HSS

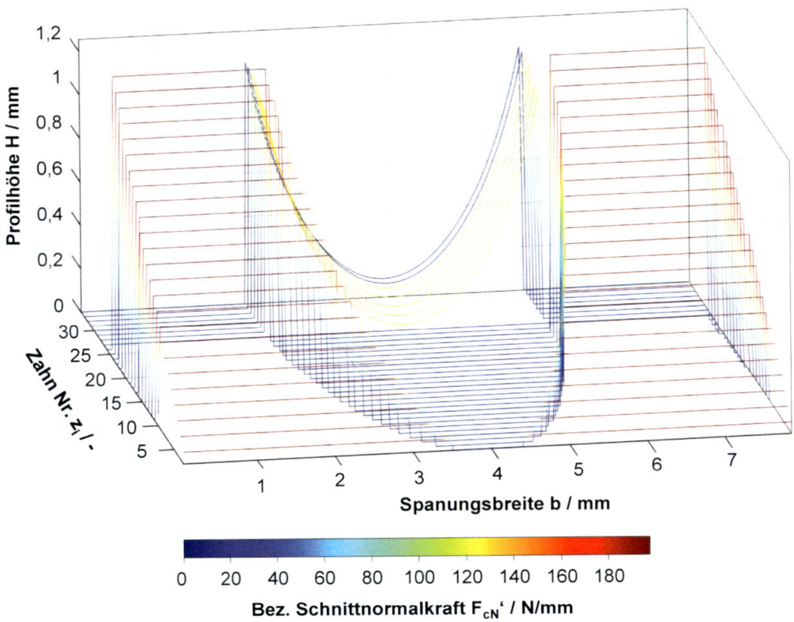

Abbildung 10-5: Darstellung der bezogenen Schnittnormalkraft am Beispiel des Innenradiuswerkzeug mit r_i = 2 mm

Representation of the Related Cutting Normal Force using the Example of the Inner Radius Tool with r_i = 2 mm

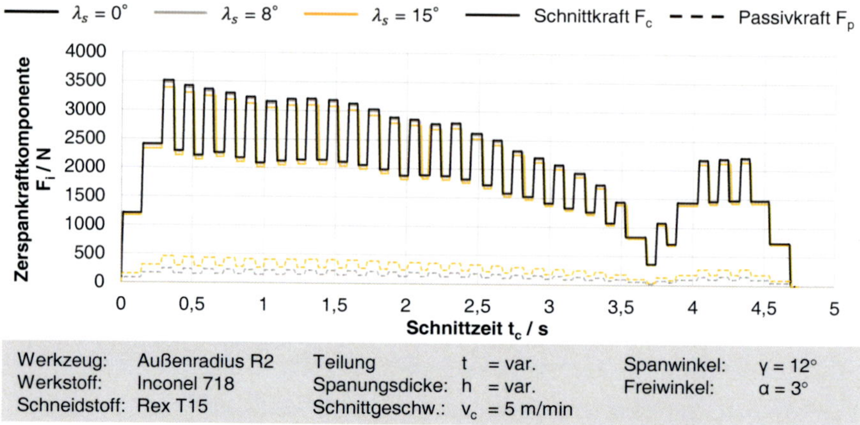

Abbildung 10-6: Einfluss des Neigungswinkel auf die Schnitt- und Passivkraft

Influence of the Tilt Angle on the Cutting and Passive Force

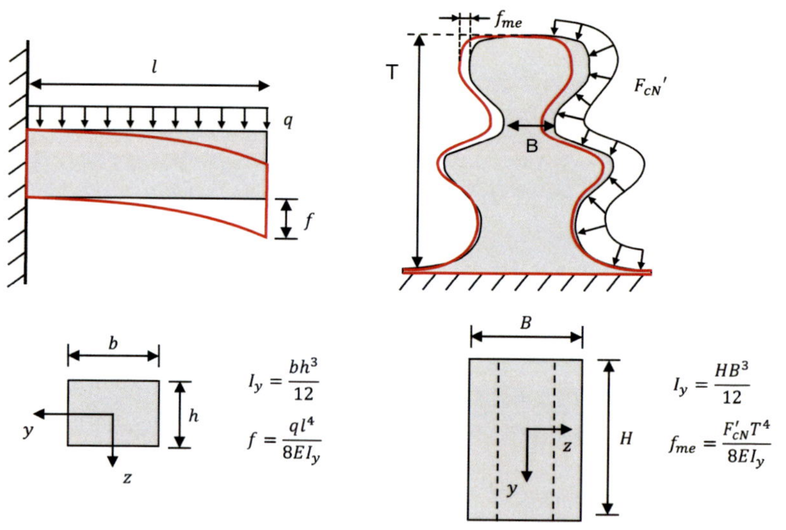

Abbildung 10-7: Ableitung der Biegebalkenformel für den konkreten Anwendungsfall

Derivation of the bending beam formula for the specific application case

In der Reihe **Ergebnisse aus der Produktionstechnik** zuletzt erschienen:

Scholzen, Philipp:
Auslegung geräuschoptimierter pulvermetallurgischer Stirnradverzahnungen
ISBN: 978-3-98555-216-0
Erscheinungsdatum: 21.05.2024

Seelbach, Tobias:
Prädiktion der Maßhaltigkeit beim Räumen von Profilnuten
ISBN: 978-3-98555-213-9
Erscheinungsdatum: 21.05.2024

Fiedler, Falko:
Produkt- und prozessseitige Auslegung von bauteilintegrierten Vorrichtungsfunktionen
ISBN: 978-3-98555-206-1
Erscheinungsdatum: 02.04.2024

Theling, Julian:
Auslegung von Planetengetrieben im elastischen Verzahnungsumfeld unter Berücksichtigung der Wechselwirkungen des Mehrfacheingriffes
ISBN: 978-3-98555-205-4
Erscheinungsdatum: 26.03.2024

Hohenstein, Steffen:
Multidirektionaler Aufbau in der additiven Fertigung von Kunststoffen
ISBN: 978-3-98555-203-0
Erscheinungsdatum: 05.03.2024

Schukat, Esben:
Kapazitätsorientierte Auftragsfreigabe in matrixstrukturierten Montagesystemen
ISBN: 978-3-98555-189-9
Erscheinungsdatum: 20.02.2024

Ochel, Janis:
Datengetriebene Strukturierung von NC-Zerspanprozessen
ISBN: 978-3-98555-204-7
Erscheinungsdatum: 14.02.2024

Metzmacher, Amelie Isabel:
Beschäftigungsfähigkeit im produzierenden Sektor – Entwicklung des Predictive Model of Industrial Employability
ISBN: 978-3-98555-201-6
Erscheinungsdatum: 13.02.2024

Schulz, Malena:
Digital Twin Methodology for the Automated Fiber Placement with In-situ Consolidation of Thermoplastic Tape
ISBN: 978-3-98555-195-8
Erscheinungsdatum: 30.01.2024

Olivier, Marcel:
Abtragmechanismen beim drahtfunkenerosiven Bearbeiten elektrisch leitfähiger Keramiken im kohlenwasserstoffbasierten Dielektrikum
ISBN: 978-3-98555-200-9
Erscheinungsdatum: 30.01.2024

Edition Wissenschaft
Apprimus

Schweins, Julian:
Datengestützte Gestaltung des nachhaltigen Werkzeuglebenszyklus
ISBN: 978-3-98555-197-2
Erscheinungsdatum: 22.01.2024

Ecker, Christian:
Flexible Inbetriebnahme roboterbasierter Montagesysteme durch Prozessdemonstration
ISBN: 978-3-98555-189-7
Erscheinungsdatum: 11.12.2023

Padberg, Melanie:
Ansätze der inhärent sicheren Konstruktion modifizierbarer, cyberphysischer Produktionssysteme
ISBN: 978-3-98555-184-2
Erscheinungsdatum: 07.12.2023

Wlecke, Shari:
Industrialisierung hochiterativ entwickelter Produkte
ISBN: 978-3-98555-171-2
Erscheinungsdatum: 13.11.2023

Müller, Clemens:
Elektrische Widerstandserwärmung von Blechwerkstoffen zur Steigerung der Umformbarkeit
ISBN: 978-3-98555-175-0
Erscheinungsdatum: 16.10.2023

Scheuer, Thomas:
Fähigkeitsbündel zur Steigerung der Arbeitsproduktivität für intelligente produzierende Unternehmen
ISBN: 978-3-98555-173-6
Erscheinungsdatum: 25.09.2023

Landwehr, Markus:
Modellierung und Vorhersage des eigenspannungsbedingten Bauteilverzugs bei der Fräsbearbeitung
ISBN: 978-3-98555-194-1
Erscheinungsdatum: 09.01.2024

Goergen, Fabian:
Analogieversuch zur Erzeugung von Zahnflankenbrüchen an Stirnrädern
ISBN: 978-3-98555-191-0
Erscheinungsdatum: 11.12.2023

Studerus, Bastian:
Gestaltung von Kooperationen zwischen Technologiekonzernen und Start-ups
ISBN: 978-3-98555-186-6
Erscheinungsdatum: 04.12.2023

Riedel, Jörn:
Scannendes Verfahren zur flexiblen Messung asphärischer Optiken
ISBN: 978-3-98555-177-4
Erscheinungsdatum: 31.10.2023

Buckhorst, Armin Friedrich:
Planung und Steuerung von Abläufen in linienlosen mobilen Montagesystemen
ISBN: 978-3-98555-174-3
Erscheinungsdatum: 26.09.2023

Schwarberg, Annika:
Identifizierung von Innovationspotenzialen durch die Analyse von Produktnutzungsinformationen
ISBN: 978-3-98555-169-9
Erscheinungsdatum: 17.08.2023

Edition Wissenschaft
Apprimus

FSC
www.fsc.org
MIX
Papier | Fördert
gute Waldnutzung
FSC® C083411

Zeitfracht Medien GmbH
Ferdinand-Jühlke-Straße 7
99095 Erfurt, Deutschland
produktsicherheit@kolibri360.de